GEOGRAPHICA BERNENSIA

G 32

Ralph Rickli

Untersuchungen zum Ausbreitungs-klima der Region Biel

Geographisches Institut der Universität Bern 1988

Der Druck der Arbeit wurde durch folgende
Institutionen unterstützt:

Stiftung Marchese Francesco Medici del Vascello

Fonds zur Förderung klimatologischer Forschung
der Firma Meteotest

VORWORT

Ende 1980 wurde das interdisziplinäre Forschungsprogramm "Klima und Lufthygiene der Region Biel" gestartet. Auf Anregung von Regional- und Stadtplanung, der Lufthygienefachstellen von Stadt und Kanton und von Kinderärzten wurde im Rahmen des Nationalen Forschungsprogramms 14 (Lufthaushalt und Luftverschmutzung in der Schweiz) der Versuch unternommen, die Wirkungskette "Emission-Ausbreitung/Umwandlung-Folgewirkungen" am Beispiel der Stadt am Jurasüdfuss zu studieren. Die vorliegende Arbeit beschäftigt sich mit den Strömungs- und Schichtungsverhältnissen zwischen Jurasüdfuss und den vorgelagerten Molassehügeln. Sie basiert auf einer Vielzahl experimenteller Ergebnisse und stellt Grundlagen bereit für eine lokale Ausbreitungsklimatologie.

Die Arbeit war nur möglich dank der Mithilfe einer Vielzahl von Personen. Allen voran gilt mein herzlicher Dank Prof. Dr. Heinz Wanner, der mit grosser Initiative, unermüdlichem Einsatz und stets neuem Enthusiasmus das Projekt leitete und die Arbeit mit Ideen und fachlichem Rat begleitete. Dr. Jacques-André Hertig und Paul Liska waren nebst der Mithilfe an Messkampagnen für die Modellversuche an der EPF-Lausanne verantwortlich. Dr. Richard Volz, Dr. Paul Filliger, Michael Schorer und Markus Furger ermöglichten regelmässig fachliche Diskussionen. Dr. Stefan Kunz und Jürg Engel waren mir bei der Lösung verschiedener EDV-Probleme behilflich. Hans Ulrich Bleuer wusste in allen messtechnischen Fragen immer neuen Rat. Seine Mitarbeit trug wesentlich zum Gelingen der verschiedenen Messkampagnen bei. Jean-Michel Fallot half bei mehreren Messkampagnen mit und gewährte mir Logis während den Modellversuchen in Lausanne: Das ISM in Payerne und das EIR (heute PSI) in Würenlingen lieferten durch ihre Teilnahme an den Messkampagnen wertvolle Daten über die 3. Dimension. Ihnen gilt mein herzlicher Dank.

Ein grosses Dankeschön geht an alle übrigen Teilnehmer an Messkampagnen, an Ursula Previdoli für die Reinschrift des Manuskripts, an Dominique Rudin und Anthony Gygax, welche die Zusammenfassung übersetzten und an alle, die mir auf ihrem Terrain den Aufbau des Messnetzes ermöglichten. Es sind dies die Verwaltungen des Regionalspitals Biel-Vogelsang und des Maison Blanche in Evilard, das Lebensmittelinspektorat der Stadt Biel und die Herren Bauder und Frutschi.

Besonders danke ich auch der Stiftung Marchese Francesco Medici del Vascello und der Firma Meteotest für ihre grosszügigen finanziellen Beiträge an die Publikation dieser Arbeit.

Meinen Eltern, welche mir das Studium ermöglichten und Annemarie, meiner Frau gehört der grösste Dank für ihren Einsatz, ihr Verständnis und die stete Unterstützung.

II

INHALTSVERZEICHNIS

VORWORT	I
INHALTSVERZEICHNIS	III
TABELLENVERZEICHNIS	VI
FIGURENVERZEICHNIS	VII
ABKUERZUNGEN	XI
ZUSAMMENFASSUNG	XIII
SUMMARY	XVI
RESUME	XVII

1.	EINLEITUNG	1
1.1	Problemstellung und Zielsetzung	1
2.	MESSNETZ BIEL	3
2.1	Festes Stationsnetz	3
2.2	Windregistrierung (Stationsnetz)	6
2.3.	Windregistrierung (Messkampagnen)	6
2.4	Temperaturregistrierung (Stationsnetz)	7
2.5	Temperaturregistrierung (Messkampagnen)	7
3.	TEMPERATURFELD	8
3.1	Datenkontrolle	8
3.2	Stationstemperaturen	9
3.3	Frost- und Eistage	12
3.4	Heiztage und Heizgradtagzahl	12
4.	WINDFELD	14
4.1	Diskussion der Stundenwindrosen von Dezember 1980 bis April 1981	14
4.2	Diskussion der Stundenwindrosen von Mai 1981 bis Oktober 1981	20
4.3	Diskussion der Monatswindrosen von November 1980 bis März 1982	21
5.	LOKALE STROEMUNGS-SCHICHTUNGSLAGEN	26
5.1	Methode zur Unterteilung eines Beobachtungstages in drei Tagesabschnitte	26
5.2	Berechnung der mittleren Windrichtung für die drei Tagesabschnitte Morgen, Tag und Abend	27
5.3	Richtungswechsel der mittleren Strömung im Tagesverlauf	32
5.3.1	Tageszeitliche Verteilung der vektoriell gemittelten Windrichtung bei VOGELSANG	35
5.3.2	Tageszeitliche Verteilung der vektoriell gemittelten ten Windrichtungen bei TAUBENLOCH	36
5.3.3	Tageszeitliche Verteilung der vektoriell gemittelten Windrichtungen bei BOEZINGENMOOS	37
5.3.4	Tageszeitliche Verteilung der vektoriell gemittelten Windrichtungen bei STRANDBAD und DIETSCHIMATT	38

5.4	Vergleich der mittleren Temperaturgradienten mit mit dem Vektormittel der nächtlichen katabatischen Winde im Raume Biel	39
5.5	Schätzung des Temperaturgradienten zwischen VOGELSANG und BOEZINGENMOOS aus den Winddaten von BOEZINGENMOOS	40
5.6	Ausgewählte Strömungslagen an den Stationen VOGELSANG, TAUBENLOCH und BOEZINGENMOOS	43
5.7	Ausgewählte Strömungs-Schichtungslagen in der Region Biel	48
5.8	Strömungslagen vom Schichtungstyp 1	51
5.8.1	Gruppennummer 1.1 (Winter 333/333, 26 Tage)	51
5.8.2	Gruppennummer 1.2 (Winter 111/111, 20 Tage)	52
5.8.3	Gruppennummer 1.3 (Winter 333/433, 11 Tage)	53
5.9	Strömungslagen vom Schichtungstyp 2	54
5.9.1	Gruppennummer 2.1 (Winter 334/334, 15 Tage)	54
5.9.2	Gruppennummer 2.2 (Winter 114/114, 9 Tage)	56
5.9.3	Gruppennummer 2.3 (Sommer 334/334, 8 Tage)	57
5.10	Strömungslagen vom Schichtungstyp 3	58
5.10.1	Gruppennummer 3.1 (Winter 433/433, 10 Tage)	58
5.10.2	Gruppennummer 3.2 (Sommer 433/433, 7 Tage)	59
5.10.3	Gruppennummer 3.3 (Winter 333/334, 7 Tage)	60
5.11	Strömungslagen vom Schichtungstyp 4	61
5.11.1	Gruppennummer 4.1 (Sommer 434/434, 37 Tage)	61
5.11.2	Gruppennummer 4.2 (Sommer 414/414, 18 Tage)	63
5.11.3	Gruppennummer 4.3 (Winter 334/434, 16 Tage)	64
5.11.4	Gruppennummer 4.4 (Winter 434/434, 11 Tage)	65
5.11.5	Gruppennummer 4.5 (Winter 111/414, 7 Tage)	66
5.11.6	Gruppennummer 4.6 (Sommer 414/414, 6 Tage)	67
5.11.7	Gruppennummer 4.7 (Winter 333/434, 6 Tage)	68
5.11.8	Gruppennummer 4.8 (Sommer 444/444, 6 Tage)	69
6	**VERSUCH AUF DEM PHYSIKALISCHEN MODELL IM MASSSTAB 1/25'000**	70
6.1	Modellierung im Massstab 1/25'00 - Zielsetzung	70
6.2	Simulationstechnik	70
6.3	Aehnlichkeitskriterien und Massstabsverzerrung	72
6.4	Modellierte Wetterlagen	73
6.4.1	Westlage mit Nordwestströmung über dem Jura	73
6.4.2	Westlage mit Südwestströmung über Jura und Mittelland	74
6.4.3	Bisenlagen	76
6.4.4	Hochdrucklagen	77
7.	**FELDEXPERIMENTE**	79
7.1	Hinweis zu den Feldexperimenten	79
7.2	Messkampagne vom 14./15. Dezember 1982	79
7.2.1	Wetterlage	79
7.2.2	Sondierungen im Zentrum von Biel	79
7.2.3	Sondierungen in Biel-Bözingen	81
7.2.4	Horizontale Temperaturprofile durch die Stadt Biel	85
7.3	Messkampagne vom 13./14. Juni 1983	90
7.3.1	Wetterlage	90
7.3.2	Sondierungen in Biel-Bözingen	90
7.3.3	Horizontale Temperaturprofile durch die Stadt Biel	92
7.4	Messfahrten vom 15. und 16. Juli 1983	96
7.4.1	Horizontale Temperaturprofile	96

7.5	Messfahrten vom 27. Juli 1983	102
7.5.1	Horizontale Temperaturprofile	102
7.6	Feldexperiment Taubenlochwind vom 23. bis 26. September 1985	106
7.6.1	Konzept	106
7.6.2	Wettersituation vom 23. bis 26. September 1985	106
7.6.3	Messkampagne vom 23./24. September 1985	108
7.6.4	Temperatursondierungen auf dem Profil Sonceboz-Bözingen während der Nacht vom 23. auf den 24. September 1985	111
7.6.5	Resultate der Messkampagne vom 24.-26. September 1985	114
8.	**SCHLUSSFOLGERUNGEN**	116
LITERATURVERZEICHNIS		119

TABELLENVERZEICHNIS

Tabelle 1:	Regressionsgleichungen für die stationsbezogene Korrektur der Temperaturen.	8
Tabelle 2:	Mittelwertsklimatologische Kennwerte der Stationstemperaturen (* maximal 3 Tage mit fehlenden Werten).	10
Tabelle 3:	Anteil der Winde aus Richtung 30-34 bei VOGELSANG und aus Richtung 32-36 bei TAUBENLOCH am Gesamttotal der Winde aus dem Sektor West bis Nord.	27
Tabelle 4:	Absolute Häufigkeit der Winde aus Richtung 30-34 bei VOGELSANG und aus Richtung 32-36 bei TAUBENLOCH.	29
Tabelle 5:	Dreiteilung des Tages bei VOGELSANG und TAUBENLOCH in Morgen (M), Tag (T) und Abend (A).	30
Tabelle 6:	Definition der Richtungssektoren.	31
Tabelle 7:	Absolute Häufigkeit der Tageswindrichtungen an den Stationen VOGELSANG, TAUBENLOCH und BOEZINGENMOOS zwischen November 1980 und März 1982.	31
Tabelle 8:	Richtungswechsel der mittleren Strömung vom Nacht- auf das Tageswindfeld und umgekehrt für die Zeit von November 1980 bis März 1982.	33
Tabelle 9:	Koeffizienten der Schätzfunktionen für die Berechnungen des Temperaturgradienten aus den Windgeschwindigkeiten im Bözingenmoos. Tageszeitliche Unterschiede.	41
Tabelle 10:	Koeffizienten der Schätzfunktionen für die Berechnung des Temperaturgradienten aus den Windgeschwindigkeiten im Bözingenmoos. Jahreszeitliche Unterschiede.	42
Tabelle 11:	Absolute Häufigkeiten von Strömungslagen an den Stationen VOGELSANG, TAUBENLOCH und BOEZINGENMOOS in Abhängigkeit von der Jahreszeit. Es wurden nur Lagen aufgeführt, die an mehr als 5 Tagen auftraten.	45
Tabelle 12:	Windrichtungen während den Tagesstunden an denStationen VOGELSANG, TAUBENLOCH und BOEZINENMOOS.	46
Tabelle 13:	Vergleich der mittleren Tageswindrichtung bei VOGELSANG mit dem 850 hPa-Windfeld über Payerne (12 UTC).	47

VII

Tabelle 14: Häufigste Strömungs-Schichtungslagen in der Region Biel.   50

FIGURENVERZEICHNIS

Figur 1: Arbeitskonzept des Forschungsprojektes "Klima und Lufthygiene in der Region Biel" in Anlehnung an das gebräuchliche Schema der Ausbreitungsklimatologie.   1

Figur 2: Klimatologisches Messnetz des Geographischen Instituts in der Region Biel (November 1980 bis März 1982).   3

Figur 3: Mittel- und Extremwerte der Temperatur an den Stationen MAISON BLANCHE, VOGELSANG und BOEZINGENMOOS.   11

Figur 4: Stundenwindrosen für die Zeit von 01 bis 08 Uhr (November 1980 - April 1981).   17

Figur 5: Stundenwindrosen für die Zeit von 09 bis 16 Uhr (November 1980 - April 1981).   18

Figur 6: Stundenwindrosen für die Zeit von 17 bis 24 Uhr (November 1980 - April 1981).   19

Figur 7: Stundenwindrosen für die Zeit von 01 bis 08 Uhr (Mai 1981 - Oktober 1981)   22

Figur 8: Stundenwindrosen für die Zeit von 09 bis 16 Uhr (Mai 1981 - Oktober 1981)   23

Figur 9: Stundenwindrosen für die Zeit von 17 bis 24 Uhr (Mai 1981 - Oktober 1981)   24

Figur 10: Monatswindrosen für die Stationen VOGELSANG, TAUBENLOCH und BOEZINGENMOOS (November 1980 - März 1982).   25

Figur 11: Verteilung der pro Tagesabschnitt vektoriell gemittelten Windrichtung an der Station VOGELSANG.   35

Figur 12: Verteilung der pro Tagesabschnitt vektoriell gemittelten Windrichtung an der Station TAUBENLOCH.   36

Figur 13: Verteilung der pro Tagesabschnitt vektoriell gemittelten Windrichtung an der Station BOEZINGENMOOS.   37

Figur 14: Verteilung der pro Tagesabschnitt vektoriell gemittelten Windrichtung an den Stationen STRANDBAD und DIETSCHIMATT.   38

Figur 15:	Mittlerer Temperaturgradient (dθ/100m) und Geschwindigkeitsverlauf in Abhängigkeit von der Tages- und der Jahreszeit an den Stationen VOGELSANG und TAUBENLOCH.	40
Figur 16:	Strömungs-Schichtungslage 1.1	51
Figur 17:	Strömungs-Schichtungslage 1.2	52
Figur 18:	Strömungs-Schichtungslage 1.3	53
Figur 19:	Strömungs-Schichtungslage 2.1	54
Figur 20:	Strömungs-Schichtungslage 2.2	56
Figur 21:	Strömungs-Schichtungslage 2.3	57
Figur 22:	Strömungs-Schichtungslage 3.1	58
Figur 23:	Strömungs-Schichtungslage 3.2	59
Figur 24:	Strömungs-Schichtungslage 3.3	60
Figur 25:	Strömungs-Schichtungslage 4.1	61
Figur 26:	Strömungs-Schichtungslage 4.2	63
Figur 27:	Strömungs-Schichtungslage 4.3	64
Figur 28:	Strömungs-Schichtungslage 4.4	65
Figur 29:	Strömungs-Schichtungslage 4.5	66
Figur 30:	Strömungs-Schichtungslage 4.6	67
Figur 31:	Strömungs-Schichtungslage 4.7	68
Figur 32:	Strömungs-Schichtungslage 4.8	69
Figur 33:	Schnitt durch die kreisförmige Modell-Anlage des LASEN zur Simulation von kata- und anabatischen Strömungen.	71
Figur 34:	Stromfeld in der Region Biel bei Nordwestwinden über dem Jura unter Bedingungen der Standardatmosphäre.	73
Figur 35:	Stromfeld in der Region Biel bei Südwestwinden über dem Jura und neutraler Schichtung.	75
Figur 36:	Stromfeld in der Region Biel bei winterlicher Hochdrucklage.	77
Figur 37:	Wind- und Temperaturprofile im Zentrum von Biel am 14. Dezember 1982.	80
Figur 38:	Wind- und Temperaturprofile in Bözingen (14.12.1982, 14.02 - 20.53 Uhr).	82

Figur 39:	Wind- und Temperaturprofile in Bözingen (14./15.12.1982, 21.22 - 00.28 Uhr).	83
Figur 40:	Wind- und Temperaturprofile in Bözingen (15.12.1982, 00.52 - 03.46 Uhr).	84
Figur 41:	Temperaturmessfahrten Dezember 1982: West-Ost Profil durch die Stadt Biel	85
Figur 42:	Messfahrten vom 14.12.1982, 14.09 und 20.00 Uhr.	86
Figur 43:	Messfahrten vom 14./15.12. 1982, 20.00 und 02.00 Uhr.	87
Figur 44:	Messfahrten vom 15.12.1982, 02.00 und 04.38 Uhr	89
Figur 45:	Horizontales Temperaturfeld (15.12. 1982, 02.00 Uhr).	89
Figur 46:	Wind- und Temperaturprofile in Bözingen (14.06.1983, 05.33 - 14.22 Uhr).	91
Figur 47:	Messfahrten vom 13.06.1983, 20.01 und 22.55 Uhr.	93
Figur 48:	Messfahrten vom 13./14.06.1983, 22.55 und 01.58 Uhr.	93
Figur 49:	Messfahrten vom 14.06.1983, 01.58 und 07.51 Uhr.	94
Figur 50:	Messfahrten vom 14.06.1983, 07.51 und 10.59 Uhr.	94
Figur 51:	Messfahrten vom 14.06.1983, 10.59 und 13.59 Uhr.	95
Figur 52:	Messfahrten vom 14.06.1983, 13.59 und 16.55 Uhr.	95
Figur 53:	Temperaturmessfahrten Juli 1983: West-Ost Profil durch die Stadt Biel.	96
Figur 54:	Messfahrten vom 15.07.1983, 17.30 und 19.30 Uhr.	98
Figur 55:	Messfahrten vom 15.07.1983, 19.30 und 21.00 Uhr.	98
Figur 56:	Horizontales Temperaturfeld (15.07.1983, 19.30 Uhr).	99
Figur 57:	Horizontales Temperaturfeld (15.07.1983, 21.00 Uhr).	99

Figur 58:	Messfahrten vom 15./16.07.1983, 21.00 und 05.00 Uhr.	100
Figur 59:	Messfahrten vom 16.07.1983, 05.00 und 08.00 Uhr.	100
Figur 60:	Horizontales Temperaturfeld (16.07.1983, 05.00 Uhr).	101
Figur 61:	Messfahrten vom 27.07.1983, 11.36 und 13.40 Uhr.	103
Figur 62:	Messfahrten vom 27.07.1983, 13.40 und 15.29 Uhr.	103
Figur 63:	Messfahrten vom 27.07.1983, 15.29 und 17.32 Uhr.	104
Figur 64:	Messfahrten vom 27.07.1983, 17.32 und 20.26 Uhr.	104
Figur 65:	Horizontales Temperaturfeld (27.07.1983, 17.32 Uhr).	105
Figur 66:	Horizontales Temperaturfeld (27.07.1983, 20.26 Uhr).	105
Figur 67:	Sondierstandorte während dem Taubenlochwind-Feldexperiment vom 23.-24.09.1985.	107
Figur 68:	Wind- und Temperaturfeld an der Messstelle Plagne.	108
Figur 69:	Wind- und Temperaturfeld an der Messstelle Pierre Pertuis.	109
Figur 70:	Isentropendarstellung der Temperaturverhältnisse im unteren St.Immertal (23./24.09.1985). Die potentiellen Temperaturen beziehen sich auf die Höhe von Biel (430 m ü.M.) und sind in °C angegeben.	112
Figur 71:	Tagesgang der Strömung am Taubenlochausgang während der herbstlichen Schönwetterperiode vom 23.-27.09.1985.	113
Figur 72:	Die Strömungsverhältnisse im Delta des Taubenlochwinds (24.-28.09.1985).	115

ABKÜRZUNGEN

EIR	Eidgenössisches Institut für Reaktorforschung Würenlingen (heute PSI)
EPFL	Ecole Polytechnique Fédérale Lausanne
GIUB	Geographisches Institut der Universität Bern
IENER	Institut d'économie et aménagéments énergétiques (heute LASEN)
ISM	Institut Suisse de Météorologie in Payerne
LASEN	Laboratoire des Systèmes Energétiques (EPF-Lausanne)
PSI	Paul Scherrer Institut
SMA	Schweizerische Meteorologische Anstalt
UTC	Universal Time Coordinated
WMO	World Meteorological Organization

XII

ZUSAMMENFASSUNG

Die vorliegende Arbeit ist Teil des Projektes "Klima und Lufthygiene im Raume Biel" und setzt sich zum Ziel, typische Strömungsmuster in der bodennahen Grenzschicht zu erkennen und zu definieren. Sie basiert auf stündlichen klimatologischen Messdaten, die während 17 Monaten im Raum Biel erhoben wurden, ergänzt durch mehrere Feldexperimente und Versuche auf dem physikalischen Modell (Massstab 1/25000) an der EPF in Lausanne. Obschon die topographischen Verhältnisse auf den ersten Blick einfach erscheinen, beeinflussen sie in vielfacher Weise das Ausbreitungsklima der Stadt Biel. So bedingt die Jurasüdfusslage, dass das Bieler Lokalklima sowohl durch die Verhältnisse im Mittelland, als auch durch jene des Juras bestimmt wird. Die Senke zwischen Jura und Alpen lenkt den synoptischen Wind durch Kanalisierung in eine Südwest- oder Nordoststrahlung um. So dominieren Winde aus diesen beiden Sektoren ganzjährig das Strömungsfeld über Biel. Die offene Seefläche mit ihrer kleinen Rauhigkeitslänge ermöglicht Südwestwinden einen ungehinderten Zugang zur Stadt. Es erstaunt deshalb nicht, dass die höchsten Windgeschwindigkeiten im Hafengebiet gemessen wurden. Während tagsüber der grossräumige Druckgradient die Windrichtung im Mittelland und das Strömungsgeschehen über Biel bestimmt, ist es in der Nacht die langwellige Ausstrahlung, welche für das lokale Windfeld von zentraler Bedeutung wird. Sie führt regelmässig zur Entkopplung der Grundschicht von der Strömung im Mittelland. Gleichzeitig gelangt Biel in den Einflussbereich lokaler und regionaler katabatischer Winde. Die einen treten als Hangabwinde in Erscheinung, die anderen bilden den Kaltluftabfluss aus dem St.Immertal, der in Biel-Bözingen als "Taubenlöchler" bekannt ist.

Diese Winde setzen unabhängig von der Jahreszeit, mit grosser Regelmässigkeit und vielfach gleichzeitig zwischen 17 und 18 Uhr ein. Daraus leitet sich ab, dass weniger die Tageslänge, als vielmehr Exposition und sichtbarer Horizont für den Zeitpunkt verantwortlich sind, an dem die Temperaturen am Hang jenen der umgegebenden Atmosphäre entsprechen.

Zu Beginn der Untersuchungen wurde davon ausgegangen, dass sich am Taubenloch das gesamte Kaltluftvolumen des St.Immertals ins Mittelland entleert. Versuche auf dem physikalischen Modell an der EPF in Lausanne zeigten aber, dass die Pierre Pertuis in Strahlungsnächten häufig nordostwärts überflossen wird und folglich beim Taubenloch nur noch ein Teil der Luft aus dem St.Immertal eintrifft. Verantwortlich dafür sind unter anderem die Geländeengnisse bei Sonceboz und Reuchenette. Sie bewirken in der ersten Nachthälfte den Aufbau von Kaltluftseen, in denen die Luft stagniert und durch ihre thermische Stabilität den Bergwind anheben. Dadurch wird die Höhendifferenz zur Pierre Pertuis verringert und das Ueberströmen ermöglicht, ohne dass zwangsläufig die Mächtigkeit der abfliessenden Kaltluft zunimmt. Messungen in Bözingen zeigten, dass am Taubenlochausgang in der zweiten Nachthälfte Luft ankommt, die sich im Becken von La Heutte zirka 150m über Grund befand. Dies bedeutet auch, dass die Emissionen der Dörfer unterhalb von Villeret während dieser Zeit in der Bodeninversion gefangen bleiben, was Beobachtungen anhand von Kaminrauch bestätigen. Die Emissionen des Zementwerks bei Péry-Reuchenette dürften hingegen durch die

Sogwirkung am Kluseintritt die ganze Nacht über nach Bözingen verfrachtet werden.
Im Gegensatz zu den Hangabwinden am Jurasüdfuss dauert die Taubenlochströmung am Morgen durchschnittlich 1-2 Stunden länger an. Einerseits ist dafür das grössere Einzugsgebiet verantwortlich und andererseits dürfte im Verlauf des Morgens ein Teil der in den Becken gestauten Kaltluft noch zum Abfluss gelangen, während an den Hängen bereits Thermik einsetzt. Der zeitliche Verlauf des Kaltluftabflusses dürfte sich bei wolkenfreiem Himmel das ganze Jahr über gemäss oben genannter Beschreibung vollziehen. Jahreszeitliche Unterschiede sind hingegen im Deltabereich deutlich feststellbar. Im Sommerhalbjahr zeichnet sich der Jurasüdfuss durch Nebelarmut aus. Das bedeutet erhöhte nächtliche Ausstrahlung und Bildung ausgeprägter Bodeninversionen, auf die der wärmere Taubenlochwind in der zweiten Nachthälfte aufgleitet. Messfahrten zeigten im Bereich des Taubenlochausgangs im Sommer und im Herbst keinen deutlichen Temperaturrückgang. Anders präsentiert sich die Situation im Winterhalbjahr. Dann liegt das Mittelland häufig unter einer Hochnebeldecke, während das St.Immertal nebelfrei ist. Nachts ist folglich die negative Strahlungsbilanz im Jura ausgeprägter als in den Senken des Seelandes, was durch einen gut entwickelten Bergwind aus dem Taubenloch angezeigt wird. Trotz adiabatischer Erwärmung auf ihrem Weg nach Bözingen bleibt die Luft zwischen 3 und 5 Grad kälter als die autochthone Luft der Region. Ein Aufgleiten wie im Sommer fehlt. Der "Taubenlöchler" setzt sich regelmässig auch in der zweiten Nachthälfte über BielMett hinweg bis zur Dietschimatt fort. Der Kaltluftabfluss dauert dabei im Winter zwischen 14 und 18 Stunden. Im Sommer sind es 13 bis 15 Stunden.
Die Hangabwinde sind in der Region Biel während der ersten Nachthälfte am kräftigsten ausgebildet und flauen gegen Morgen hin zusehends ab. Im Sommer sind die Geschwindigkeitsunterschiede deutlicher als im Winter.
Im Gegensatz zum nächtlichen Windgeschehen wehen tagsüber Hangaufwinde nur für kurze Zeit normal zur Streichrichtung der Jurakette. Dies wird hauptsächlich in den ersten 2-3 Stunden nach Sonnenaufgang beobachtet, verbunden mit sehr kleinen Windgeschwindigkeiten. Sehr bald überprägt die Hauptströmung im Mittelland die Aufwinde. Der thermische Effekt des Hanges kommt jedoch in einer schwach hangaufwärtigen Komponente der Mittellandströmung zum Ausdruck
In den Senken zwischen dem Jura und den Molassehügeln führt die nächtliche Ausstrahlung regelmässig zur Bildung unterschiedlich mächtiger Bodeninversionen. Uebersteigt die vertikale Erstreckung der Kaltluft 70 Meter, so beginnt sie sich surgeartig zwischen den Molassehügeln auszubreiten. Sehr oft geschieht dies in der zweiten Nachthälfte oder kurz vor Sonnenaufgang. In diesem Zeitraum flauen auch die Hangabwinde ab, was den Zustrom von Luft aus dem Seeland zusätzlich begünstigt, da diese nicht im selben Mass zurückgedrängt wird wie vor Mitternacht.
Die thermischen Unterschiede zwischen Stadt und Umland können bis zu 7 Grad betragen. Einfache Abschätzungen der vertikalen Erstreckung einer Wärmeinsel ergaben lediglich Höhen zwischen 30 und 40 Meter. Da die grössten Temperaturunterschiede zwischen Stadt und Umland zur Zeit der stärksten Abkühlungsraten am Abend auftreten, fällt die Ausbildung einer Wärmeinsel mit dem Maximum der Hangabwinde zusammen. Es ist deshalb mit der fortlaufenden Kappung eines möglichen Wärmedoms zu rechnen.

Während den Feldexperimenten konnten keine lokalen Strömungen nachgewiesen werden, welche eindeutig durch die städtische Wärmeinsel ausgelöst wurden. Hingegen könnte die regelmässig während der zweiten Nachthälfte auftretende Windstille über dem Stadtzentrum mit der schwachen Thermik zusammenhangen, die, geschützt durch die Bodeninversion im Seeland, einer Kappung durch die nächtliche Strömung im Mittelland entgeht.

Auswertungen der Winddaten zeigen, dass in Biel in den seltensten Fällen während 24 Stunden eine einheitliche Strömung vorherrscht. Die regelmässige Entkopplung des Windgeschehens in der bodennahen Grenzschicht führt täglich zu mindestens einem Richtungswechsel. Der Zeitpunkt des Richtungswechsels wird in der vorliegenden Arbeit zur Dreiteilung des Tages verwendet, mit deren Hilfe eine tägliche Typisierung des Strömungsfeldes möglich wird. Zusammen mit dem Temperaturgradienten der ersten 100 Meter werden anschliessend Strömungs-Schichtungslagen gebildet, welche für den Raum Biel den Tagesgang typischer Windfelder in Abhängigkeit von der Schichtung beschreiben. Diese Methode erlaubt es, in Gebieten mit komplexer Topographie Signale des lokalen Windfeldes für die Charakterisierung wiederkehrender Strömungs-Schichtungslagen zu verwenden. Diese können unter anderem in Ausbreitungsmodellen zur Abschätzung von Tages- und Jahresgängen von Immissionskonzentrationen eingesetzt werden. In vielen Gebieten ist heute umfassendes mittelwertsklimatologisches Datenmaterial vorhanden, das für Ausbreitungsrechnungen genutzt wird. Es eignet sich vielfach nur für die Berechnung von Monats- oder Jahresmittelwerten der Immissionskonzentrationen. Oft tritt jedoch der Fall ein, in dem weniger die Mittelwerte von Bedeutung sind, als vielmehr kurzzeitig auftretende Immissionsspitzen. Um diese mit einem Ausbreitungsmodell realistisch simulieren zu können, sind zeitlich und räumlich hochaufgelöste meteorologische Daten eine Grundvoraussetzung. Mit ihnen gelingt es, die spezifischen örtlichen Ausbreitungsparameter σ_y und σ_z zu bestimmen und auch das lokale Wind- und Temperaturgeschehen zu typisieren, wie am Beispiel von Biel gezeigt wird.

SUMMARY

The present work is part of the project "Climate and Air-Pollution in the Area of Biel". It is an attempt to detect and define typical flow patterns in the surface layer. The study relies on hourly climatological observation data, that were collected over a period of 17 months in the area of Biel. They were complemented with several field experiments and simulations on the physical model (scale: 1/25'000) at the EPF in Lausanne.

The analysis of the results shows that the topography of the region plays a decisive role in determining the climate and, as to be expected, strongly channels the surface currents. During the night it enables the wind to behave independently with respect to the general current between the Alpes and the Jura Mountains. As a result one can observe an interplay throughout a 24-hour period between local, regional and inter-regional winds. Southwest and Northeast winds dominate the scene during the day. Downslope drainage breezes and drainage flow from the St. Immertal begin early in the evening while the budget of the net all-wave radiation is still positive. The former reach a maximum strength before midnight and decrease continuously towards the morning. The wind through the Taubenloch gorge however appears to often have two wind speed maxima, that cannot be statistically significantly seperated. Due to the negative budget of the nocturnal all-wave radiation surface inversion occurs regularly over the flat valley floor surrounding the town. When these cold air masses attain a high of 70 - 100m they begin to flow in a surging movement in the direction of the town. Inbreaking cold air is often observed in the town area between midnight and dawn. As the experienced will know, it is difficult if not impossible, using synoptic observations of typical weather situations to characterize local air current patterns. This is due to the equal evaluation of variables within different orders of scale. This study endeavours to derive typical flow- and stability patterns from the observed wind and temperature data and to use them for a local flow classification. To this purpose the avarage daily pattern of layer formation, direction of wind and its velocity was determined within the respective flow situations. This provided the basis for further dispersion modelling. Due to technical reasons the horizontal and vertical standard deviations of the pollutant distribution in the y and z directions could not be measured but had to be determined indirectly at a later period. The approach subdivides the day into three periods according to the daily wind changes.

If one only considers the results of one station 87% of the observed time can be described with no more than 14 flow situations in Biel. If we combine with the results of a further station and consider additionally the typical daily pattern of layer formation we can describe 50% of the observed time with 17 situations. We limited ourselves to situations that occured on more than 5 days. With a larger collection of data covering a period of say, five or ten years, one could certainly cater for 80, perhaps even 90% of the observed time because then the samples for averaging would be larger.

This method can be used in any region where one can observe regular daily changes in the direction of the wind. Likely candidates for such studies are regions with non-uniform terrain with marked daily ana- and katabatic winds or coastal regions that show a marked land and sea breeze circulation system.

RESUME

Le travail présent est une partie du projet "Climat et qualité de l'air dans la région de Bienne", et a pour but de reconnaître et de définir les types de courants caractéristiques dans la couche superficielle. Il se base sur des données climatologiques relevées toutes les heures et qui ont été enregistrées pendant 17 mois dans l'agglomération de Bienne. Ces données ont été complétées par plusieurs expériences pratiques et par des essais sur le modèle physique (échelle 1/25'000) à l'EFP de Lausanne.

Les résultats montrent que la topographie dans l'agglomération de Bienne est un facteur de climat déterminant qui provoque une forte canalisation des vents dans la couche superficielle. Elle favorise la nuit le décollement des vents dominants du plateau central. Il y a donc dans la journée un changement continuel entre les vents locaux, régionaux et supra-régionaux. Des vents du nord est et du sud ouest y déterminent la fréquence de vent journalière. A la tombée du jour lorsque la balance de rayonnement est encore positive, des vents d'ascendance et un courant d'air froid venant de la vallée de St. Imier se lèvent. Ces vents d'ascendance atteignent avant minuit le force maximum qui diminue considérablement vers le matin. Le vent du Taubenloch semble par contre avoir souvent deux pointes de vitesse qu'on ne peut pas statistiquement séparées de façon significative. Au-dessus des plaines environnant la ville se forment régulièrement, à la suite du rayonnement nocturne, des inversions dans la couche superficielle. Quand cet air froid atteint une épaisseur de 70 à 100m, celui-ci commence à se déplacer vers la ville. On observe souvent cette pénétration d'air froid dans la ville entre minuit et la levée du soleil. Selon les données des expériences, il est difficile, sinon impossible, d'utiliser des claasifications des situations météorologiques fondées sur des observations synoptiques pour caractériser des conditions de courants locaux. Cela est dû au fait qu'on donne la même valeur aux variables employées dans des différents domaines de Scale. Dans le travail présent, on essaie de déduire à partir des données de vent et de température, des types de courants et de couches typiques et de les utiliser pour une classification locale des courants. Comme base pour une dispersion de modèles a été pris en considération le moyen rhythme quotidien de la couche, de la direction et de la vitesse du vent. Dues à des raisons techniques de mesure, les déviations standard horizontales et verticales des paramètres σ_y et σ_z n'ont pas été relevées et devraient encore être définies d'une façon indirecte. Les changements de vent quotidiens ont servi de repères pour diviser la journée d'observation en trois parties.

Si on ne part que d'une station, 87% du temps d'observation peut être décrit à Bienne avec un maximum de 14 types de courants. En essayant de combiner les champs d'air de deux stations et de prendre en même temps en considération le développement de la couche pendant une journée, on pourrait avec 17 types de courant décrire 50% du temps d'observation. Il n'a été pris en considération que les types des courants qui se sont manifestés pendant plus de 5 jours. Si on avait à disposition une plus grande collection de données, de par exemple 5 à 10 ans, on pourrait certainement décrire 80 ou même 90% du temps d'observation. La procédure est partout applicable dans la mesure où dans le déroulement d'une journée des changements de vents reguliers se manifestent. Cela concerne des régions à topographie complexe avec des vents ana- et katabatiques prononcés ou des régions côtières qui ont un système de circulation de brise de mer et de brise de terre bien développés.

1. EINLEITUNG

1.1 Problemstellung und Zielsetzung

Durch die topographische Lage am Jurasüdfuss unterliegen die einzelnen Bieler Stadtteile unterschiedlichen lokalklimatischen Phänomenen. Zu den wichtigsten zählen die Hangabwinde, der Kaltluftabfluss aus dem St.Immertal und die seichten Bodeninversionen in den Niederungen des Seelandes. Die Existenz dieser lokalklimatischen Eigenheiten braucht für Biel und seine Bevölkerung nicht nachgewiesen zu werden. Hingegen blieben Jahres- und Tagesgang der einzelnen Phänomene und ihre gegenseitige Beeinflussung für den genannten Raum bis anhin unerforscht. Das bedeutet auch, dass Kenntnisse über die Ausbreitungsbedingungen von Luftfremdstoffen wie SO_2, NO_x, O_3 und H_xC_y in Abhängigkeit von Wetterlage, Jahres- und Tageszeit fehlten.

Hier setzten die klimatologischen Studien im Bieler Projekt ein, denn Stadt- und Regionalplanung sind bei der Bearbeitung verschiedener Themenkreise konkret mit Fragen des Klimas und der Lufthygiene in der Region konfrontiert. Dazu gehören beispielsweise die Beurteilung neuer Industriestandorte, die Erhaltung und Verbesserung der Attraktivität von Stadt und Region, Entscheide bezüglich Linienführung von N5/T6 und Studien im Rahmen eines Energiekonzeptes.

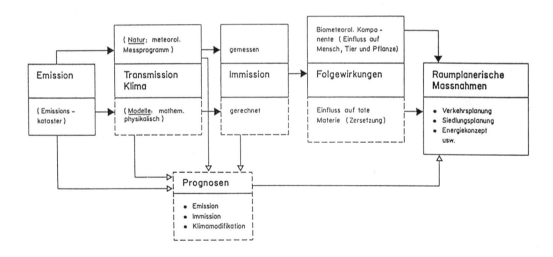

Figur 1: Arbeitskonzept des Forschungsprojektes "Klima und Lufthygiene in der Region Biel" in Anlehnung an das gebräuchliche Schema der Ausbreitungsklimatologie.

Bereits in den Jahren 1974-79 führte das Geographische Institut der Universität Bern (GIUB) eine klimatologisch-lufthygienische Vorstudie durch, die in der Auswertung von Daten der SMA-Station und des Lebensmittelinspektorats der Stadt Biel bestand. Aufgrund der Resultate gelangte im Jahre 1979 der Regionalplanungsverband Biel-Seeland mit der Bitte an das Institut, die Untersuchungen zu intensivieren, um lokale Schwachwindlagen in ihrer raumzeitlichen Erstreckung und ihrer Bedeutung für die lufthygienische Situation genauer zu beschreiben. Gleichzeitig bekundeten verschiedene kantonale und kommunale Amtsstellen, Forschungsinstitute und Kinderärzte Interesse an der Studie. So wurde 1980 ein klimatologisch-lufthygienisches Forschungsprogramm gestartet, durch das die kausale Wirkungskette von Emission-Transport-Immission-Folgewirkungen bezogen auf den Raum Biel im Rahmen der bestehenden Möglichkeiten untersucht werden soll (vgl. Fig. 1). Das gesamte Forschungsprogramm ist in WANNER et al. (1982) detailliert beschrieben.

Die Arbeit setzt sich zwei Ziele. Zum einen sollen anhand von Detailstudien die Kenntnisse über die einleitend genannten Phänomene vertieft und deren lokalklimatische Bedeutung beschrieben werden. Zum andern sollen mit Hilfe der Stationsdaten für jeden Messstandort typische Tagesgänge von Schichtung und Strömung ermittelt werden, die als Grundlage für Ausbreitungsrechnungen zur Abschätzung von Immissionskonzentrationen dienen (FILLIGER 1986). Die Uebertragung der Strömungsmuster auf die Fläche bedingt den Einbezug von mindestens zwei Stationen. Daraus sollen typische Strömungs-Schichtungslagen für den Raum Biel definiert werden, die sich auf den untersten Bereich der Planetaren Grenzschicht beziehen.

2. MESSNETZ BIEL

2.1 Festes Stationsnetz

Die Topographie beeinflusst in komplexer Weise das Ausbreitungsklima der Region Biel. Die Jurasüdfusslage bedingt, dass das Bieler Lokalklima sowohl durch die Verhältnisse des Mittellandes als auch durch jene des Juras bestimmt wird. Deshalb wurde das klimatologische Messnetz des Geographischen Instituts entlang von zwei Profillinien angeordnet. Die eine verlief pa-

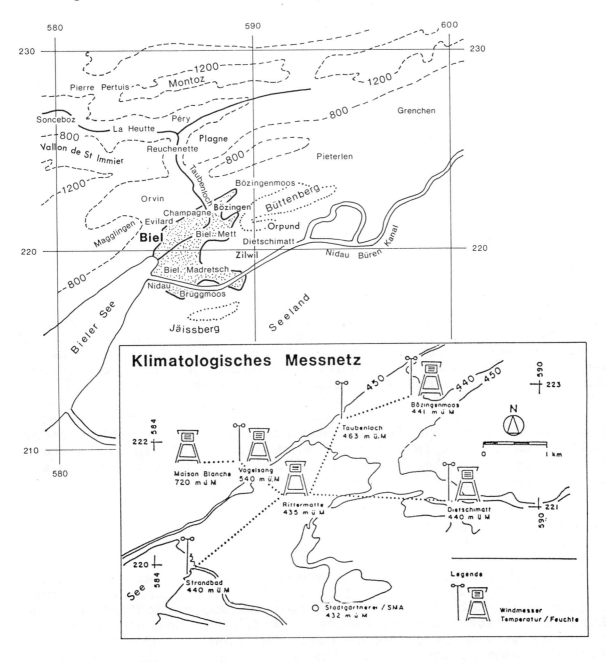

Figur 2: Klimatologisches Messnetz des Geographischen Instituts der Universität Bern in der Region Biel (November 1980 - März 1982).

rallel zum Jurahang auf einer Achse Bielersee-Bözingenmoos. Die andere war als Höhenprofil ausgelegt und verband die Senken des Seelandes mit der Hanglage von Evilard. Figur 2 zeigt die räumliche Anordnung der einzelnen Messstellen. Windrichtung und geschwindigkeit wurden mit WOELFLE-Windschreibern in einer Höhe von 3m über Grund erfasst. Gerne hätte man in 10m Höhe gemessen, doch war dies aus Gründen der Ausrüstung nicht möglich. Wegen der überwiegenden Wirkung der Schubspannung und den in der Prandtl-Schicht quasikonstanten Flüssen von Impuls, Wärme und Feuchte wird davon ausgegangen, dass die Verteilung der Windrichtungen nicht signifikant verschieden ist von derjenigen in 10m über Grund. Hingegen dürften die mittleren Windgeschwindigkeiten etwas kleiner sein als in 10m über Boden.

Standardgemäss erfolgte die Aufzeichnung von Lufttemperatur und relativer Feuchte 2m über Grund in englischen Wetterhütten. Als Geräte wurden HAENNI Thermohygrographen eingesetzt. Die einzelnen, nach ihrem Standort benannten Stationen werden nachfolgend immer mit Grossbuchstaben bezeichnet.
In Ergänzung zum festen Stationsnetz wurden Messkampagnen mit dem Ziel einer zeitlich und räumlich besseren Auflösung von Temperatur- und Windfeld durchgeführt. Die dabei eingesetzten Geräte umfassten eine Vielzahl von Typen und Marken. Nachfolgend sind nur jene Geräte genauer beschrieben, die durch das Geographische Institut eingesetzt wurden. Ausführliche Informationen über die Beteiligung und Ausrüstung weiterer Institute an Feldexperimenten finden sich in RICKLI und WANNER (1983).

Messstelle STRANDBAD
584'590 / 220'950
440 m ü.M.
An diesem Standort wurden vor allem der Südwestwind ("Seeluft") vor seinem Auftreffen auf die Stadt und das Windgeschehen im südwestlichen Stadtteil erfasst. Zudem registrierte der Windmesser die schwachen morgendlichen Strömungen aus dem Brüggmoos. Das Anemometer hätte eigentlich am äussersten Teil der Strandbadmole montiert werden sollen. Auf Anraten des Bademeisters kam es dann auf das Dach des Strandbadrestaurants zu stehen, wo keine Gefahr für allfällige Vandalenakte bestand. Der Kompromissstandort ist insofern vertretbar, als die umliegenden Pappeln im Winter kein Laub trugen und der Wind vom See und von den Jurahängen problemlos erfasst wurde.

Messstelle RITTERMATTE
585'820 / 221'460
435 m ü.M.
Die Wetterhütte wurde auf dem Sportplatz des Rittermattenschulhauses mit dem Ziel errichtet, das innerstädtische Temperaturregime möglichst ohne starke thermische Beeinträchtigung durch Strassen, Plätze oder Hauswände zu erfassen. Bei niederem Sonnenstand musste eine Beschattung durch umliegende Gebäude in Kauf genommen werden. Im Vergleich zu anderen zentral gelegenen Standorten, beispielsweise dem Stadtpark, darf der gewählte aber als sinnvoll bezeichnet werden, zumal er im Bereich der dichtesten Bebauung lag. Der vorzeitige Stationsabbruch wurde durch die Schule bestimmt, welche im April ihre Turnstunden wieder im Freien abhalten wollte. Die fehlenden Messwerte für

die zweite Aprilhälfte konnten mittels linearer Regression berechnet werden. BOEZINGENMOOS diente dabei als Referenzstation.

Messstelle TAUBENLOCH
586'930 / 222'410
463 m ü.M.
Der Windmesser stand auf dem Gebäude der Kantonalbank an der Bözingenstrasse 177. Dieser Standort diente hauptsächlich der Erfassung des Taubenlochwindes. Vorabklärungen und mündliche Hinweise zeigten, dass der letzte stauende Geländesporn im gesamten Schluchtprofil überströmt wird. Da das Gebiet des Taubenloch-Ausgangs einerseits bewaldet, andererseits stark überbaut ist, bestehen kaum grosse Unterschiede in der Rauhigkeitslänge z_o, und der Standort auf dem Bankgebäude dürfte ein repräsentatives Integral der örtlichen Windverhältnisse liefern. Tagsüber wurden die Strömungsverhältnisse am Jurasüdfuss erfasst, bis am Abend der "Taubenlöchler" erneut einsetzte.

Messstelle MAISON BLANCHE
584'300 / 221'650
720 m ü.M.
MAISON BLANCHE war die höchstgelegene Station im Bieler Messnetz. An ihr wurden lediglich Temperatur und relative Feuchte gemessen. Sie bildete den Abschluss des Höhenprofils vom Seeland hinauf in den oberen Bereich des Jurahangs.

Messstelle BOEZINGENMOOS
587'940 / 222'800
441 m ü.M.
Gemeinsam mit DIETSCHIMATT kann dieser Standort in jeder Hinsicht als optimal und frei von einschränkenden Randbedingungen bezeichnet werden. Die Station stand auf einer grasbewachsenen Parzelle inmitten offenen Ackerlands und umfasste Wind- und Temperaturaufzeichnung. Von den Winddaten wurde Aufschluss erwartet über das Strömungsgeschehen in Luv und Lee der Stadt. Die Temperaturen dienten hauptsächlich der Bestimmung des vertikalen Temperaturgradienten. Zudem wird wie bereits bei VOGELSANG ein Bezug möglich zu der SO_2- und Schwebestaub-Messstelle des städtischen Lebensmittelinspektorats.

Messstelle DIETSCHIMATT
588'540 / 221'100
440 m ü.M.
Die Wahl des Standorts in der Quertalung zwischen Büttenberg und Längholz erfolgte primär aus raumplanerischen Gründen. Windmesser und Wetterhütte standen frei von störenden Einflüssen auf einer Wiese ungefähr in der Mitte des Talquerschnitts. Die Kombination von Wind- und Temperaturmessung ermöglichte Aussagen über die Durchlüftung einer wichtigen Verkehrsachse und erlaubte den Einblick in das Temperaturgeschehen am Stadtrand. Mangels verfügbarer Geräte konnten die Windmessungen erst ab Weihnachten 1980 durchgeführt werden, dies dank grosszügiger Ausleihe eines WOELFLE Anemometers durch die Lufthygienefachstelle des Kantons Solothurn.

2.2 Windregistrierung (Stationsnetz)

An den oben beschriebenen 5 Messtellen wurde ausschliesslich mit mechanischen Windschreibern vom Typ WOELFLE der Firma LAMBRECHT gearbeitet. Zwei horizontal angeordnete Walzen mit einer Endlosspirale gravierten Windrichtung und -geschwindigkeit fortlaufend auf dem beschichteten Messtreifen ein. Dieser reichte für die Dauer von 33 Tagen, doch war eine wöchentliche Stationskontrolle unbedingt notwendig, wollten Unregelmässigkeiten im Antrieb rechtzeitig erkannt werden. Der WOELFLE-Windschreiber ist ein robustes Gerät. Datenausfälle infolge technischer Probleme kamen selten vor. Lediglich tiefe Temperaturen brachtem bei BOEZINGENMOOS das Uhrwerk zeitweise zum Stillstand. Die mittlere Ansprechgeschwindigkeit liegt bei 0.7 m/s. Dreht das Anemometer bereits, so können auch schwächere Strömungen erfasst werden. Aus technischen Gründen waren die Windschreiber auf einer 3m Stange montiert. Diese Höhe entspricht nicht der WMO-Norm, doch reichte sie für die Beschreibung regelmässig wiederkehrender Strömungslagen aus, da zwischen 3 und 10 Metern keine wesentliche Winddrehung auftritt. Die Windrichtungen werden nachfolgend gemäss des Synop-Codes immer in 10-Grad Schritten angegeben. Lesebeispiel: Windrichtung (dd) 27 = 270° = Westwind, Windrichtung (dd) 06 = 060° = Ostnordostwind. Die Windgeschwindigkeiten weisen je nach Strömung und Temperaturschichtung mit Sicherheit Unterschiede gegenüber Messungen in 10m Höhe auf, die in der vorliegenden Arbeit jedoch nicht gravierend ins Gewicht fallen.

2.3 Windregistrierung (Messkampagnen)

Nebst den bereits beschriebenen WOELFLE-Windschreibern wurden während Feldexperimenten zusätzlich noch Handwindmesser eingesetzt. Beim einen Typ handelte es sich um ein Modell der Firma Lambrecht mit wählbaren Geschwindigkeitsbereichen bei der Anzeige. Der zweite Typ stammte aus dem Hause Schiltknecht und ist auf einen Geschwindigkeitsbereich von 0-10 m/s geeicht. Er wurde vor allem zur Erfassung von Schwachwinden eingesetzt, da seine Anlaufgeschwindigkeit mit 0.4 m/s sehr klein ist. Der Schiltknecht Handwindmesser fand auch Verwendung bei der Messkampagne vom September 1985. Wegen dem kleinen Gewicht des Anemometers eignete er sich zudem für den Einsatz an Fesselballonen. Wegen fehlendem Sender musste das Signal über ein sehr dünnes und leichtes Kabel zur Anzeige geführt werden. Der Windmesser selbst war kardanisch aufgehängt, um den Reibungswiderstand möglichst klein zu halten. Zuletzt sei noch auf den Einsatz von Seifenblasen hingewiesen, die zwar keine quantitativen Daten lieferten, sich aber für das Visualisieren kleinräumiger Turbulenzen (zB. in Strassenschluchten) bestens eigneten (RICKLI und WANNER 1983)

2.4 Temperaturregistierung (Stationsnetz)

Die Messung von Lufttemperatur und relativer Feuchte erfolgte mittels Thermohygrographen der Firma HAENNI in englischen Wetterhütten. Jede Station war mit einem Referenzthermometer ausgerüstet. Es ermöglichte die statistische Korrektur der Stationsdaten. Die Aufzeichnungen der relativen Feuchte konnten nicht statistisch korrigiert werden und bildeten deshalb nur Begleitinformation für Fallanalysen. Wie bei den Windmessern wurden die Stationen wöchentlich betreut. Die Messstreifen reichten für die Aufzeichnung von 7 Tagen.

2.5 Temperaturregistrierung (Messkampagnen)

Für die Erfassung von Temperatur und relativer Feuchte kamen verschiedene Geräte zum Einsatz. Zur Eichung von Sondierungen wurden bei allen Messkampagnen Aspirationspsychrometer der Firma HAENNI eingesetzt. 1980 erfolgte auf Messfahrten die Temperaturregistrierung mit Hilfe von P-60 Sonden (BBC-Metrawatt), die mit einem 2-Kanal Schreiber (TOA, Japan) verbunden waren. Nach 1980 wurden die Messwerte mit einer Väisälä Kombi-Sonde (Temperatur und relative Feuchte) erfasst und über das Anzeigegerät (Schiltknecht HYGROAIR) an den Datalogger (Microdata M1600L) weitergeleitet, wo sie auf einem Kasettentape gespeichert wurden. Am GIUB erfolgte der Datentransfer vom Logger auf einen Personalcomputer (VICTOR Sirius) mit anschliessender Speicherung auf Floppy Disks. Vom PC aus konnten die Daten entweder direkt weiterverarbeitet und graphisch dargestellt oder für eine entsprechende Weiterverarbeitung auf den Grosscomputer der BEDAG (Bernische Datenverarbeitungs AG) überspielt werden. Zur Aufzeichnung der vertikalen Temperaturverteilung setzte das GIUB sein Mikrosondiersystem AERO AQUA ein. Dieses besteht aus einem 1-Kanal Empfänger, einem TOA-Schreiber zur Analogaufzeichnung, Temperatursonden mit einem Widerstandsthermometer und einer Seilwinde für den Fesselballoneinsatz. Sowohl beim Aufstieg mit Fesselballonen als auch bei Freiflügen musste die Höhe wegen fehlender Druckmessung approximativ bestimmt werden, sei dies mittels Winkelmessung und bekannter ausgefahrener Seillänge oder sei es durch Vorwärtseinschnitt bei Freiflügen unter der Annahme einer mittleren Steiggeschwindigkeit von 3m/s.

3. TEMPERATURFELD

3.1 Datenkontrolle

Wie oben erwähnt, wurden Lufttemperatur und relative Feuchte in englischen Wetterhütten auf der Standardhöhe von 2m über Grund aufgezeichnet. Die Hütten waren alle mit einem geeichten Stationsthermometer ausgerüstet, dessen Anzeige als Referenzwerte diente. Bei jeder Stationskontrolle wurden im Feldbuch die Temperaturwerte von Thermohygrograph und Stationsthermometer notiert. Damit nun die Temperaturen der verschiedenen Standorte miteinander vergleichbar sind und die Unterschiede bei den jeweiligen Geräten eliminiert werden können, wurden die Werte der Thermohygrographen mittels linearer Regression denen der Stationsthermometer angeglichen. Bei MAISON BLANCHE traten Ende 1981 Probleme mit dem Thermohygrographen auf, so dass er durch ein neues Grät ersetzt werden musste. Die Korrektur erfolgte ab 9. November 1981 so, dass mittels linearer Regression aus den Daten des Ersatzgerätes jene des ursprünglich eingesetzten Thermohygrographen berechnet und erst anschliessend mit den Werten des Stationsthermometers verglichen wurden. Die für die Datenkorrektur ermittelten Gleichungen der Regressionsgeraden sind in Tabelle 1 aufgeführt.

Station	Gleichung der Regressionsgeraden	Bestimmheitsmass r^2
MAISON BLANCHE	$Y_1 = 0.9988\ X_1 - 1.0907$	0.9909
	$Y = 0.9805\ X + 0.7214$	0.9938
VOGELSANG	$Y = 0.9638\ X + 0.7002$	0.9935
RITTERMATTE	$Y = 1.0355\ X - 0.3050$	0.9975
BOEZINGENMOOS	$Y = 1.0096\ X + 0.1191$	0.9926
DIETSCHIMATT	$Y = 1.0429\ X - 1.0363$	0.9905

Y_1 = gerechneter Wert für den zuerst eingesetzten Thermohygrographen
X_1 = gemessener Wert beim Ersatz-Thermohygrographen
Y = aus Werten des Thermohygrographen gerechnete Temperatur des Stationsthermometers
X = Temperaturen des Thermohygrographen

Tabelle 1: Regressionsgleichungen für die stationsbezogene Korrektur der Temperaturen.

Alle aus den Thermohygrographenwerten gerechneten Stationstemperaturen (Y-Werte) bilden den Temperatur-Datensatz, mit dem weitergearbeitet wurde. In der Zeit von November 1980 bis April 1981 standen in den Niederungen drei Temperaturstationen im Einsatz (RITTERMATTE, BOEZINGENMOOS, DIETSCHIMATT). Weil bei diesen Messtellen Datenausfälle zu verzeichnen waren, liegt es auf der Hand, die fehlenden Werte durch eine Nachbarstation mit Hilfe linearer Regression zu berechnen. Um dem Tagesgang der Temperatur Rechnung zu tragen, beziehen sich die Regressionsgleichungen immer nur auf die jeweilige Beobachtungsstunde.

3.2 Stationstemperaturen

Die Temperaturdaten dienen sowohl der Bestimmung lokaler thermischer Unterschiede als auch der Beschreibung des Tagesgangs der bodennahen Schichtung. Letztere wird in Kapitel 8 näher behandelt. In Tabelle 2 und Figur 3 sind nebst dem Monatsmittel auch die absoluten Minima und Maxima der Stationstemperaturen dargestellt. Sie zeigen nach erfolgter Datenkorrektur systematische thermische Unterschiede sowohl zwischen Stadt und Umland als auch zwischen Tal- und Hanglagen. Im Winterhalbjahr liegen die Durchschnittstemperaturen der Station RITTERMATTE rund 0.5° über jenen von BOEZINGENMOOS. Diese positive Temperaturabweichung ist bedingt durch das eigene meteorologische Regime des Stadtkörpers. RITTERMATTE zeigt die Verhältnisse der bodennahen Stadtatmosphäre (Urban Canopy Layer), während BOEZINGENMOOS (Rural Constant Flux Layer) jene des Umlandes widerspiegelt.
Im Vergleich zwischen VOGELSANG und BOEZINGENMOOS tritt deutlich die Gunstlage am Jurasüdfuss in Erscheinung. Bei einer Höhendifferenz von 100 Metern zwischen Talgrund und VOGELSANG sind am Hang Mittelwerte zu erwarten, die rund 0.6° unter jenen von BOEZINGENMOOS liegen. VOGELSANG ist im Winterhalbjahr aber durchschnittlich 0.3° wärmer als der Talboden. In dieser positiven Abweichung zeichnet sich die Gunstlage am Hang ab, durch die VOGELSANG entweder ausserhalb oder am oberen Rand von seichten Bodeninversionen liegt.
Der Mittelwertsvergleich zwischen MAISON BLANCHE und VOGELSANG ergibt, dass die Temperaturdifferenz im Winter ungefähr dem feuchtadiabatischen, im Sommer dem trockenadiabatischen Gradienten entspricht. Dieses Resultat unterstreicht den klimatischen Unterschied zwischen einem nebelreichen Winter- und einem relativ bewölkungsarmen Sommerhalbjahr.
Die monatlichen Extremtemperaturen widerspiegeln die kombinierte Wirkung von synoptischer Situation und Topographie. So gleichen die Minimaltemperaturen von MAISON BLANCHE jenen im Tal. Wegen den häufigen Bodeninversionen zeigt das BOEZINGENMOOS die tiefsten Temperaturen. Das Minimum von -18.1° wurde am 9. Dezember 1980 verzeichnet, nachdem in den 48 Stunden vorher mehrere Staffeln von Polar- und Arktikluft ins Mittelland eingeflossen waren. Die nachfolgende nächtliche Ausstrahlung trug wegen der nur leichten Bewölkung das ihre bei zum Erreichen der Tiefsttemperatur. Interessanterweise sank die Temperatur bei MAISON BLANCHE lediglich auf -10.6°, ein direkter Hinweis auf die Existenz einer starken Inversion. Gleiches kann im Sommer beobachtet werden, wo der nächtliche Zustrom von Kaltluft in

Station	NOV 1980	DEZ 1980	JAN 1981	FEB 1981	MRZ 1981	APR 1981	MAI 1981	JUN 1981	JUL 1981	AUG 1981	SEP 1981	OKT 1981	NOV 1981	DEZ 1981	JAN 1982	FEB 1982	MRZ 1982
Monatsmitteltemperaturen																	
MAISON BLANCHE	1.9	-1.7	-3.1	-2.2	5.7	8.5	10.7	14.3	15.1	*17.3	nil	nil	nil	-0.5	-0.1	-0.2	2.3
VOGELSANG	2.8	-0.6	-1.6	-0.9	7.1	10.3	12.2	16.1	nil	nil	14.7	9.4	4.4	0.9	0.7	1.0	4.0
BOEZINGENMOOS	2.5	-1.3	-1.5	-1.2	7.0	10.2	12.1	*16.1	16.5	*17.9	14.5	9.2	3.5	0.9	0.6	0.3	3.7
RITTERMATTE	3.0	-0.5	-1.2	-0.7	7.4	10.8											
DIETSCHIMATT	2.2	-1.5	-1.8	-1.4	6.7	10.0											
Absolute Monatsmaxima																	
MAISON BLANCHE	12.0	8.1	3.7	5.1	16.4	18.9	22.3	25.5	24.4	26.4	20.3	18.4	nil	8.3	9.3	7.5	12.2
VOGELSANG	13.0	8.9	5.3	5.2	18.8	21.8	24.3	27.9	27.7	29.6	22.4	20.5	14.2	8.2	8.6	9.2	14.5
BOEZINGENMOOS	13.2	8.2	6.2	5.7	19.8	22.1	25.3	29.6	28.6	31.2	24.1	21.8	15.6	9.7	7.2	10.2	14.9
RITTERMATTE	13.6	8.2	5.8	5.9	20.3	22.6											
DIETSCHIMATT	13.0	8.3	5.5	6.0	19.9	21.9											
Absolute Monatsminima																	
MAISON BLANCHE	-5.7	-12.5	-11.0	-9.0	-3.5	-1.2	1.7	5.6	6.9	8.9	4.6	nil	nil	-11.3	-8.6	-8.2	-3.3
VOGELSANG	-4.6	-12.6	-9.8	-7.0	-1.2	0.7	2.5	3.7	8.6	nil	4.4	0.9	-4.0	-8.9	-6.9	-7.2	-1.3
BOEZINGENMOOS	-5.4	-18.1	-11.1	-9.3	-1.9	-1.9	0.6	6.5	6.2	6.2	3.1	-0.9	-6.0	-10.2	-6.2	-11.0	-2.8
RITTERMATTE	-4.2	-12.7	-9.6	-7.7	-1.3	0.0											
DIETSCHIMATT	-6.3	-17.5	-11.5	-9.1	-3.0	-2.1											
Frosttage																	
MAISON BLANCHE	9	10	12	11	8	2	0	0	0	0	nil	nil	nil	13	14	8	19
VOGELSANG	7	12	10	18	4	0	0	0	nil	nil	0	0	10	14	8	10	5
BOEZINGENMOOS	11	11	11	17	4	2	0	nil	0	0	0	3	14	9	9	16	13
RITTERMATTE	9	11	11	18	3	1											
DIETSCHIMATT	13	12	12	18	6	1											
Eistage																	
MAISON BLANCHE	8	14	18	15	0	0	0	0	0	0	nil	nil	nil	9	8	11	0
VOGELSANG	6	11	15	8	0	0	0	0	nil	nil	0	0	0	6	11	6	0
BOEZINGENMOOS	3	11	13	7	0	0	0	nil	0	0	0	0	0	7	10	5	0
RITTERMATTE	3	10	12	7	0	0											
DIETSCHIMATT	5	12	13	7	0	0											
Heiztage																	
MAISON BLANCHE	30	31	31	28	28	22	19	7	7	0	nil	nil	nil	31	31	28	31
VOGELSANG	30	31	31	28	26	19	15	7	nil	nil	6	23	30	31	31	28	31
BOEZINGENMOOS	30	31	31	28	27	18	15	nil	2	0	6	24	30	31	31	28	31
RITTERMATTE	30	31	31	28	27	18											
DIETSCHIMATT	30	31	31	28	27	18											
Heizgradtagzahl																	
MAISON BLANCHE	542	673	716	622	423	294	223	66	65	0	nil	nil	nil	636	622	567	548
VOGELSANG	516	637	669	585	367	234	168	71	nil	nil	55	277	469	591	597	532	495
BOEZINGENMOOS	524	659	667	592	379	223	160	nil	17	0	56	287	495	591	601	551	506
RITTERMATTE	510	636	658	579	367	217											
DIETSCHIMATT	533	666	675	599	385	229											

<u>Tabelle 2:</u> Mittelwertsklimatologische Kennwerte der Stationstemperaturen (* maximal 3 Tage mit fehlenden Werten).

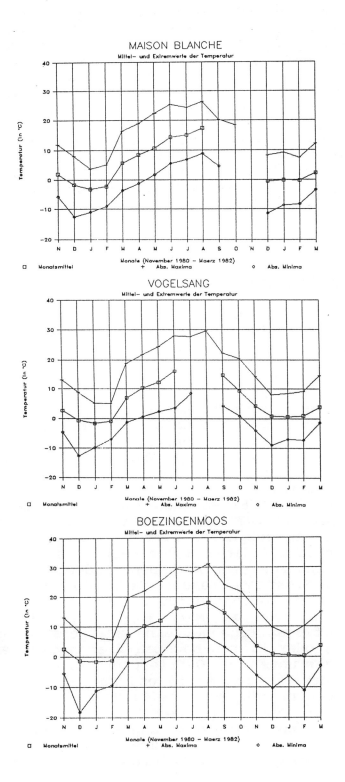

Figur 3: Mittel- und Extremwerte der Temperaturen an den Stationen MAISON BLANCHE, VOGELSANG und BOEZINGENMOOS.

die Mittellandsenken und die Ausstrahlung - verbunden mit dem
Minimum von Bodennebel - zu tieferen Temperaturen führen als in
mittleren Höhenlagen. Die monatlichen Maximalwerte der Temperatur zeigen besonders im Sommerhalbjahr den Effekt der bodennahen Erwärmung und der damit verbundenen Thermik. Vergleicht man
die Maximumtemperaturen von MASION BLANCHE mit jenen von
BOEZINGENMOOS und schätzt daraus einen mittleren Temperaturgradienten, so schwankt dieser zwischen -1° und -1.7° pro 100 Höhenmeter. Erwartungsgemäss kommt darin die superadiabatische
Schichtung zum Ausdruck. Im Winterhalbjahr werden die Höchstwerte ebenfalls im Talgrund erreicht, weil dort der kleineren
Albedo wegen (früher einsetzende Schneeschmelze) die Erwärmung
der Luft effektiver ist.

3.3 Frost- und Eistage

Sinkt die Temperatur innert 24 Stunden mindestens einmal unter
den Gefrierpunkt, so spricht man von einem Frosttag. Verbleibt
selbst das Tagesmaximum unter 0°, so handelt es sich um einen
Eistag. Aehnlich wie die Monatsminimumtemperaturen zeigt auch
die Verteilung der Frost- und Eistage die lokalen räumlichen
und thermischen Unterschiede am Jurasüdhang. Sie bestätigen die
bereits erwähnten Beobachtungen und lassen zudem die Bedeutung
der synoptischen Situation erkennen. Für statistisch gesicherte
Aussagen müsste allerdings ein grösserer Zeitraum betrachtet
werden. Die Auswertungen der Stationstemperaturen sind in Tabelle 3 zusammengefasst.
Im Winterhalbjahr 1980/81 war die Zahl der Frosttage über alle
Höhen gleich verteilt. Eine andere Häufigkeit der Wetterlagen
bedingte bereits im folgenden Winter eine ungleiche Verteilung
bezüglich Höhenlage. Lediglich der Februar scheint während beiden Wintern gleich reagiert zu haben, indem mildere Luft in der
Höhe die Anzahl Frosttage reduzierte, während im Tal die Kaltluft das Thermometer öfters unter 0° absinken liess. Eine umgekehrte Situation trat im März ein. Der höhere Sonnenstand
brachte den Tieflagen tagsüber eine stärkere Erwärmung und bei
Kälterückfällen oder klaren Nächten fielen die Temperaturen in
der Höhe häufiger unter den Gefrierpunkt als im Seeland. Dieser
Trend wird in den Monaten April und Mai auch durch phänologische Daten unterstrichen (VOLZ 1978: 31).
Im Gegensatz zur Verteilung der Frosttage widerspiegeln die
Eistage trotz Südexposition des Hanges die Höhenlage. Die Wahrscheinlichkeit, dass die Temperaturen ganztags unter 0° liegen,
ist erwartungsgemäss in der Höhe grösser als im Tal.

3.4 Heiztage und Heizgradtagzahl

Sozusagen als Nebenprodukt der Mittelwertsklimatologie wurden
auch die Heiztage und die Heizgradtagzahlen errechnet. Als
Heiztag gilt jeder Tag mit einem Temperaturmittel von kleiner
oder gleich 12° C. Während jedem Heiztag wird die Differenz

zwischen Tagesmittel und 20° C über den Monat aufsummiert. Die Summe aller Temperaturdifferenzen ergibt die Heizgradtagzahl (HGT)

$$HGT = \Sigma (20 - Tm) \quad \text{wobei } Tm = \text{Tagesmittel} = 12° C$$

In der Verteilung der Anzahl Heiztage treten nur geringfügige Unterschiede auf (siehe Tabelle 2). Sie sind offensichtlich höhenabhängig. Gleiches gilt für die Heizgradtagzahlen. Die Differenzen sind jedoch sehr klein. Da die Werte bei VOGELSANG am kleinsten sind, scheint es, dass die Heizgradtagzahlen die thermische Begünstigung der Hangfusszone unterstreichen.

4. WINDFELD

4.1 Diskussion der Stundenwindrosen von Dezember 1980 bis April 1981

Die Windverteilung an den fünf Messstellen für die Zeit von Dezember 1980 bis April 1981 ist in den Figuren 4 bis 6 dargestellt. Um möglichst viele lokale Einflüsse sichtbar zu machen, wurde die Form der Stundenwindrosen gewählt. Dies geschah im Wissen, dass das jeweilige Datenkollektiv zugleich ein Integral über alle Wetterlagen darstellt. Gleiches gilt auch für die Effekte der Bodenbedeckung, der Bodenrauhigkeit, der Exposition und damit des Strahlungshaushaltes. Damit die einzelnen Stationen untereinander vergleichbar sind, wurden nur jene Tage in die Berechnung einbezogen, an denen alle Windmesser einwandfrei registrierten. Die Calmenanteile sind in Prozent angegeben.

Ein erster Blick zeigt, dass das Strömungsfeld in der Region Biel zeitlich in ein Tages- und Nachtwindfeld unterteilt werden muss, und die Messstellen in Hangstationen (VOGELSANG, TAUBENLOCH), und Talstationen (BOEZINGENMOOS, STRANDBAD, DIETSCHIMATT) zu gliedern sind.

Zuerst soll die Windverteilung bei VOGELSANG und TAUBENLOCH besprochen werden. Beide Stationen zeigen während der Nacht einen ausgesprochen hohen Anteil von Winden aus Richtung NW bis NNW. Von Ausnahmen abgesehen handelt es sich dabei um nächtliche Hangabwinde und um den Kaltluftabfluss aus dem St.Immertal. Letzterer dauert am Morgen häufig 1 bis 2 Stunden länger an als die Hangabwinde, was sich durch das grössere Einzugsgebiet erklären lässt. Dieses ist zusätzlich verantwortlich dafür, dass sich der "Taubenlöchler" auch dann noch am Boden durchzusetzen vermag, wenn bei VOGELSANG die Hangabwinde bereits unterbunden und durch die Strömung im Mittelland abgelöst worden sind. Der grössere Anteil an nächtlichen und morgendlichen Winden aus SW und NE bei VOGELSANG zeugt von diesem Sachverhalt. Winde aus dem Sektor SE treten sehr selten auf. Sie werden hauptsächlich in der Zeit zwischen 9 und 12 Uhr beobachtet (GYGAX 1985:73). Dies ist ein starkes Indiz dafür, dass es sich bei VOGELSANG um Hangaufwinde, beim TAUBENLOCH um Talwinde handelt, die in Bodennähe äusserst schwach sind. Bei TAUBENLOCH schwanken die Windgeschwindigkeiten zwischen 0.8 und 1.5 m/s. Am Hang liegen sie generell unter 1 m/s. Da das Mittelland im Winterhalbjahr vielfach unter einer Hochnebeldecke liegt, welche die Ausbildung von Hangaufwinden unterdrückt, liegt der relative Anteil von Hangaufwinden unter dem Talwindanteil am Taubenlochausgang. Im Gegensatz zum Mittelland ist der Nebelanteil im St.Immertal kleiner (WANNER und KUNZ, 1983). Demzufolge steigt die Anzahl von Tagen mit Thermik und Ausbildung eines Talwindsystems an. Verschiedentlich wurde beobachtet, dass an der Mündung von Gebirgstälern in das Vorland der nächtliche Kaltluftabfluss stärker ausgebildet ist als der Sog des Talwindes während dem Tag (PAMPERIN und STILKE 1985, ULBRICHT und STILKE 1986). Gleiches scheint sich auch am Taubenlochausgang abzuspielen. Während bei Schönwetterlagen im St.Immertal tagsüber ein deutlicher Talwind weht, herrscht auf Dachniveau über Bözingen fast ausschliesslich die Strömung des Mittellandes (Südwest- und Nordostwinde).

Zwischen 17 und 18 Uhr setzt anschliessend mit grosser Regelmässigkeit der Kaltluftabfluss durch das Taubenloch ein. Das Relief bedingt eine starke Kanalisierung dieses Nachtwindes.

Im Gegensatz zu den Messstellen am Hang weisen die Talstationen einen deutlich höheren Anteil an Calmen auf. Bei den vorliegenden Auswertungen bedeutet dies absolute Windstille. Am ausgeprägtesten ist der Calmenanteil im Bözingenmoos, wo zwischen Mitternacht und den frühen Morgenstunden durchschnittlich an jedem 5. Tag Windstille herrscht. Dies hängt mit der Bildung von seichten, aber kräftigen Bodeninversionen zusammen, die ein Stagnieren der bodennahen Luft bewirken.

Weiter fällt auf, dass im Bözingenmoos während der Nacht sehr häufig eine Nordostströmung auftritt. Zum Teil setzt sie sich aus einem Ast der mittelländischen Bise zusammen. Zum Teil dürfte es sich aber um eine regionale bis lokale Strömung handeln, deren Antrieb nicht endgültig geklärt ist. Dabei spielen verschiedene Faktoren eine Rolle, die nicht in jedem Einzelfall mit derselben Gewichtung in Erscheinung treten.

Die Nordostströmung setzt wahrscheinlich in vielen Fällen dadurch ein, dass die bodennahe Kaltluft wegen ihrer vertikalen Erstreckung instabil wird und surgeartig gegen die Stadt fliesst. Ob sie dabei bis zur Champagne oder noch weiter vorstossen kann, hängt von der Temperaturdifferenz zum Taubenlochwind und dessen Austrittsgeschwindigkeit ab. Ist letzterer wärmer als die Luft aus dem Bözingenmoos, wird er abgehoben (vgl. Messkampagne Dezember 1982). Ist der "Taubenlöchler" kälter, so wird die Nordostströmung gestaut und bei ausreichender Mächtigkeit in die Dietschimatt umgelenkt.

Die Nordostströmung im Bözingenmoos kann aber auch durch Hangabwinde ausgelöst werden. Durch ihr Abfliessen übertragen sie Impuls auf die bodennahe Luft und verdrängen diese. Der Büttenberg verhindert aber, dass diese Luft ins Seeland ausweichen kann, so dass einzig ein laterales Ausfliessen übrig bleibt. Vielfach dürften die Hangabwinde in Kombination mit der vertikalen Erstreckung der Kaltluft ein Ausfliessen nach SW induzieren.

Im Bözingenmoos sind nächtliche Südwestwinde immer an einen grossräumigen Druckgradienten gebunden, und auch tagsüber herrschen die selben Windverhältnisse vor wie über der westlichen Stadt und am Jurahang. Gelegentliche Ausnahmen davon bilden schwache Nordostwinde, die sich aber regelmässig über der Stadt in einer Windscherung verlieren.

Aehnlich wie bei BOEZINGENMOOS tritt auch im Südwesten der Stadt an der Station STRANDBAD nachts häufig Windstille auf. Im Gegensatz zu den besprochenen Stationen zeigt STRANDBAD nebst den Südwest- und Nordostwinden auch Strömungen aus Richtung Südost. Diese Strömung kann eine schwache, um das Längholz gelenkte Bise sein. Sie kann aber auch durch das Eindringen von bodennaher Kaltluft aus dem Seeland zustande kommen. Tagsüber dominieren bei STRANDBAD Südwestwinde, die ohne nennenswerte Bodenreibung über die offene Seefläche auf die Stadt treffen.

Die Talung, in der die Station DIETSCHIMATT lag, verläuft quer zur allgemeinen Streichrichtung des Mittellandes. Es erstaunt deshalb nicht, dass sich die Richtungverteilung der Bodenwinde von derjenigen der bisher besprochenen Stationen deutlich unterscheidet. Die Winde werden auf einer West-Ost Achse kanalisiert. Trotzdem lässt sich auch an dieser Station ein Tagesgang der Strömung beobachten. Ab 17 Uhr zeigt DIETSCHIMATT sowohl einen West-, als auch einen Nordwestast in den Windrosen. Der Nordwestast verschwindet tagsüber vollends und es liegt deshalb nahe, diese Strömung dem nächtlichen Taubenlochausfluss zuzurechnen. Es ist bezeichnend, dass die Nordwestströmung ihre deutlichste Ausprägung in der ersten und anfangs zweiter Nachthälfte hat. In derselben Zeit zeigen STRANDBAD und BOEZINGENMOOS einen höheren Anteil an Calmen als die DIETSCHIMATT, welche ebenfalls in einer Mulde liegt. Der Calmenanteil bei DIETSCHIMATT fällt wahrscheinlich geringer aus, weil durch eine ausreichende mechanische Turbulenz genügend Bewegungsenergie bis ins Bodenniveau übertragen wird. Die Strömung kommt deshalb nicht vollständig zum Erliegen.

In der zweiten Nachthälfte verstärkt sich der Südost-Ast parallel zum Abflauen der Nordwestströmung. Durchschnittlich an jedem zweiten Tag beginnt ab 5 Uhr morgens das Einströmen von Luft aus dem Seeland durch die Senke der Dietschimatt. Im Verlauf des Morgens gewinnt diese Strömung zusehends an Bedeutung, bis gegen 13 Uhr eine ausgeglichene Verteilung zwischen Ost- und Westwinden eintritt. Zwei Gründe sind für diese Richtungsverteilung verantwortlich: Zum einen baut sich bei wolkenarmem Himmel im Seeland eine seichte Kaltluftschicht auf, die in der zweiten Nachthälfte surgeartig gegen den Jurasüdfuss und das nordöstliche Stadtgebiet strömt, ähnlich wie dies auch im Bözingenmoos geschieht. Zum andern wird im Verlauf des Morgens die Bodeninversion abgebaut und die Bise im Mittelland strömt aus Osten über die Dietschimatt gegen die Stadt. Der Inversionsabbau wird durch die mechanische Turbulenz innerhalb der Bise beschleunigt und kann bereits vor Sonnenaufgang einsetzen. Beide Effekte zusammen ergeben den ausgeprägten Südost-Ast in den DIETSCHIMATT-Windrosen.

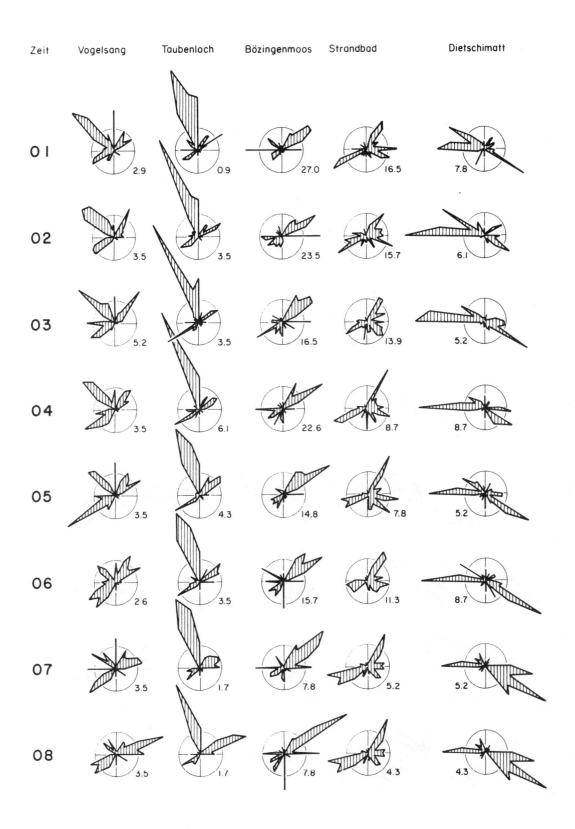

Figur 4: Stundenwindrosen für die Zeit von 01 bis 08 Uhr (November 1980 - April 1981). Calmen sind In Prozenten angegeben.

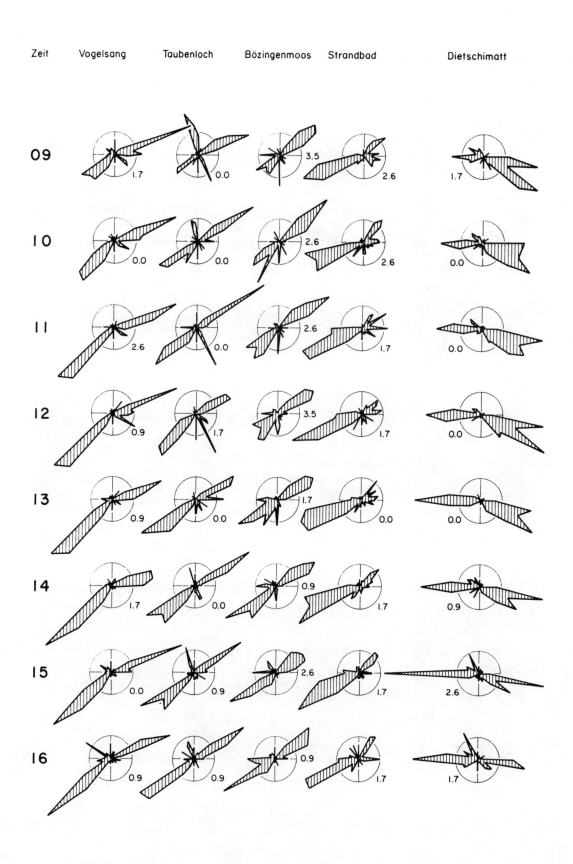

Figur 5: Stundenwindrosen für die Zeit von 09 bis 16 Uhr (November 1980 - April 1981). Calmen sind in Prozenten angegeben.

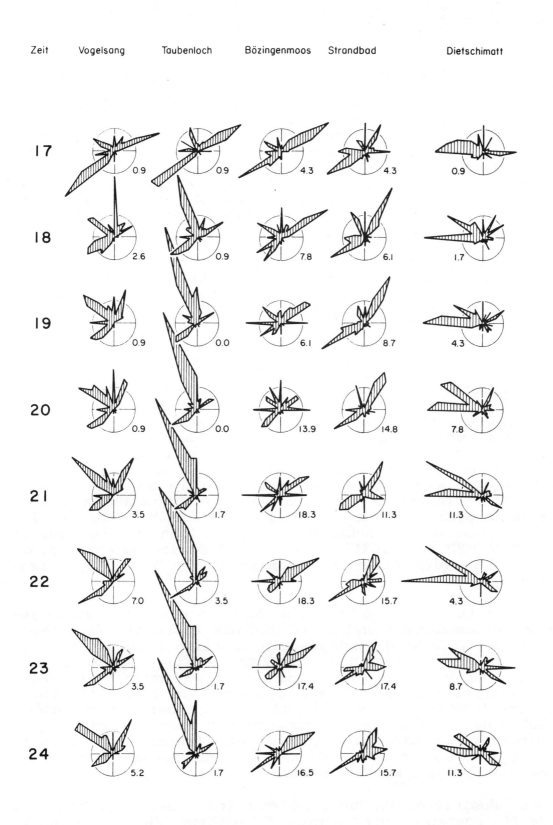

Figur 6: Stundenwindrosen für die Zeit von 17 bis 24 Uhr (November 1980 - April 1981). Calmen sind in Prozenten angegeben.

4.2 Diskussion der Stundenwindrosen von Mai 1981 bis Oktober 1981

Die Windrosen für das Sommerhalbjahr 1981 wurden gleich berechnet wie diejenigen des Winters 1980/81 und sind in den Figuren 7 bis 9 aufgeführt. Zur Auswertung fanden nur Tage Verwendung, an denen alle drei Stationen einwandfrei liefen. Ab Mai 1981 waren nur noch drei Windmesser in Betrieb. Durch den Blattaustrieb der umliegenden Bäume war STRANDBAD gegen Nordost und Ost so stark windgeschützt, dass weitere Messungen sinnlos wurden. Das Gelände, auf dem die Station DIETSCHIMATT stand, wurde im Sommer landwirtschaftlich genutzt. Deshalb musste die Messstelle ebenfalls aufgegeben werden. Somit verblieb BOEZINGENMOOS als einzige Referenzstation in Tallage.

Ein erster Vergleich der Sommer-Windrosen mit denjenigen des vorangegangenen Winters zeigt keine wesentlichen Unterschiede. Die Kanalisierung der Strömung durch das Relief und die lokalen Effekte infolge unterschiedlichen Strahlungshaushalts und topographischer Lage sind auch im Sommer verantwortlich für die Richtungsverteilung. Verglichen mit den Alpen und dem Mittelland gehört der Jurasüdfuss im Sommer zu den Gunstlagen bezüglich Sonnenscheindauer. Diese ist für den ausgeprägten Tagesgang der Strahlungsbilanz verantwortlich, deren Differenzen kausal die Entwicklung von Berg- und Talwinden auslösen. Je stärker die Amplituden der Strahlungsbilanz ausfallen, desto ausgeprägter treten die Lokalwinde in Erscheinung. Dieser Effekt ist in den Sommer-Windrosen deutlich zu erkennen. Gleichzeitig wird auch die Trennung zwischen Tages- und Nachtwindfeld deutlicher als im Winter. Es ist interessant, dass das Einsetzen des Nachtwindfeldes in Biel jahreszeitenunabhängig ist, also auch im Sommer in die Zeit zwischen 17 und 18 Uhr zu liegen kommt. Wie an Beobachtungen in Leissigen gezeigt werden konnte (FILLIGER und RICKLI 1986), fällt dieser Umschlagspunkt noch in den Bereich einer deutlich positiven Strahlungsbilanz (150 W/m2).

Am Morgen tritt das umgekehrte ein. Nachdem die Hangabwinde zum Erliegen gekommen sind und erste Thermik einsetzt, entwickelt sich bei der VOGELSANG-Windrose ein deutlicher Südost-Ast. Es ist bezeichnend, dass sich diese Strömung exakt in jenem Zeitintervall aufbaut, in dem wegen Richtungswechsel schwache Winde vorherrschen. Im weiteren Tagesverlauf gehen die Hangwinde sehr bald in die Mittellandströmung über. Diese erhält eine schwache, hangwärtige Komponente und zieht in einem flachen Winkel gegen die Jurakrete hinauf. Thermik und Südwestwinde zeichnen sich am Jura stets durch gut ausgebildete Cumulusstrassen über der Kammlinie ab.

Im Sommer dominieren tagsüber Südwestwinde sowohl am Hang als auch im Bözingenmoos. Hier steigt allerdings während der Nacht der Anteil der Nordostwinde erneut an. Wegen der im Sommer stärker negativen Strahlungsbilanz vollzieht sich die Ausbildung einer seichten Kaltluftmasse rascher als im Winter. In der Folge setzt mit grosser Regelmässigkeit eine Nordostströmung ein, welche im Bözingenmoos den Calmenanteil signifikant reduziert.

Ausser den Nordostwinden verzeichnet BOEZINGENMOOS ab 17 Uhr regelmässig auch Winde aus Nordwest, welche oft synchron mit den Hangabwinden bei VOGELSANG einsetzen. Feldbeobachtungen bestätigen, dass es sich auch im Bözingenmoos um solche handelt. Wegen der grösseren Geschwindigkeit setzen sich die Hangabwinde länger bis ins Bodenniveau durch als im Winter, was die Anzahl Stunden mit Windstille ebenfalls reduziert.

4.3 Diskussion der Monatswindrosen von November 1980 bis März 1982

Die Monatswindrosen setzen sich aus den Werten aller Stunden zusammen, an denen die Datenerfassung einwandfrei lief. Die einzelnen Stationen wurden allerdings unabhängig voneinander berechnet, weil das Datenkollektiv auch im Fall von fehlenden Werten immer noch gross genug ist.

Die Besprechung der Stundenwindrosen zeigt, wie wichtig für Lokalstudien die Unterteilung in ein Nacht- und ein Tageswindfeld ist. Die Monatswindrosen lassen eine entsprechende Unterteilung nicht zu, sind also nur mit entsprechenden Vorkenntnissen sinnvoll zu interpretieren. Mit diesen ist es aber möglich abzuschätzen, wieweit im jeweiligen Monat ein Nachtwindfeld von Bedeutung war. Als Beispiel mit dominantem Lokalwindeinfluss sei der September 1981 genannt. Umgekehrt war im Januar 1982 die allgemeine Strömung im Mittelland von übergeordneter Bedeutung für den Raum Biel. Daraus leitet sich ab, dass die Monatswindrosen für lokale Windstudien wenig geeignet sind und man zur Analyse unbedingt auf die feinstmögliche Auflösung achten sollte.

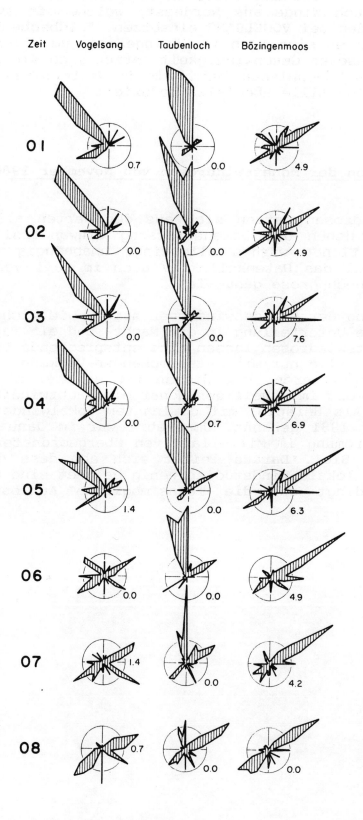

Figur 7: Stundenwindrosen für die Zeit von 01 bis 08 Uhr (Mai 1981 - Oktober 1981). Calmen sind in Prozenten angegeben.

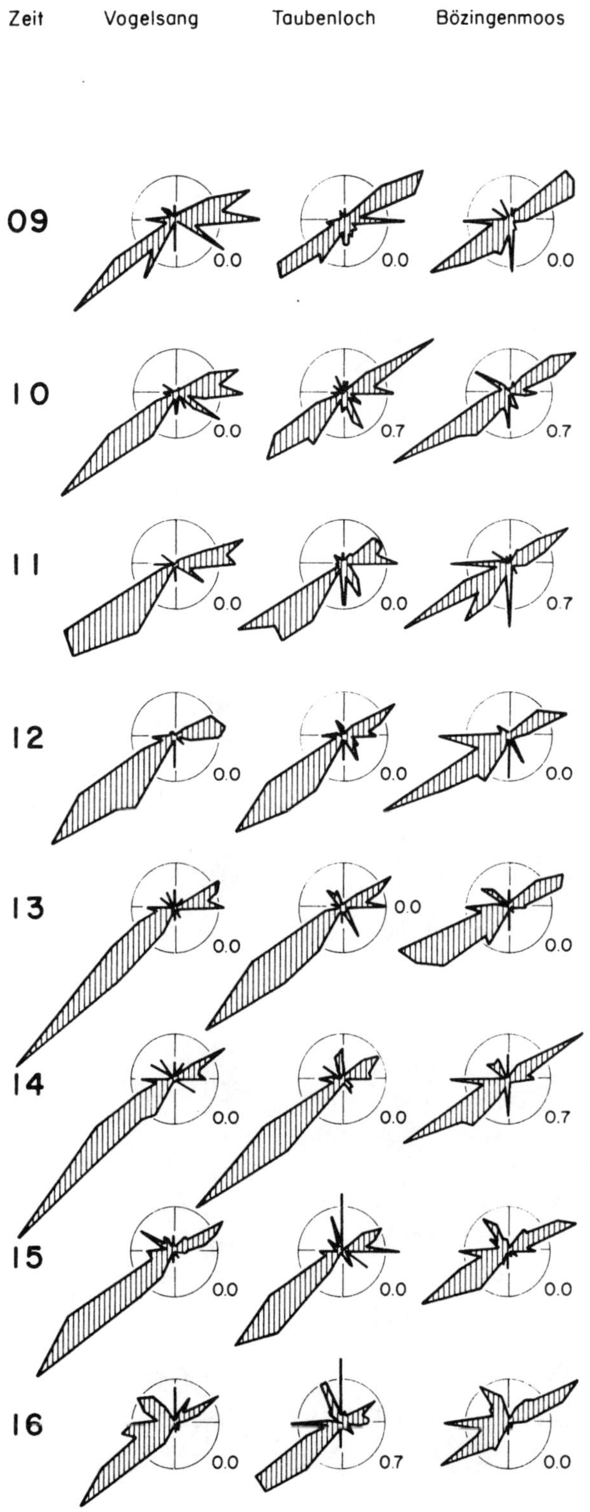

Figur 8: Stundenwindrosen für die Zeit von 09 bis 16 Uhr (Mai 1981 - Oktober 1981). Calmen sind in Prozenten angegeben.

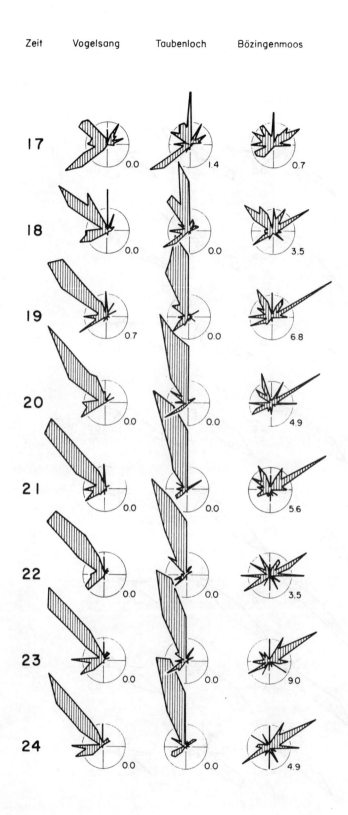

Figur 9: Stundenwindrosen für die Zeit von 17 bis 24 Uhr (Mai 1981 - Oktober 1981). Calmen sind in Prozenten angegeben.

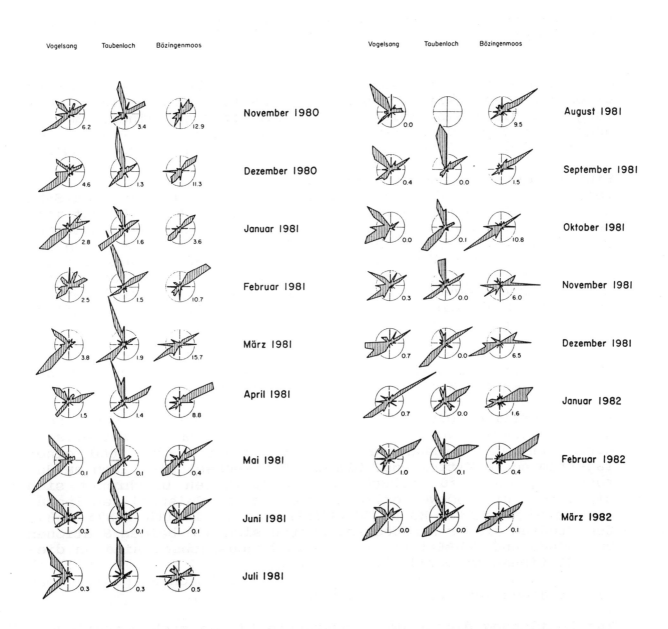

Figur 10: Monatswindrosen für die Stationen VOGELSANG, TAUBENLOCH und BOEZINGENMOOS (November 1980 - März 1982).

5. LOKALE STROEMUNGS-SCHICHTUNGSLAGEN

5.1 Methode zur Unterteilung eines Beobachtungstages in drei Tagesabschnitte

Nachdem die Resultate des erste Ziels der Arbeit, die erhobenen Daten mittelwertsklimatologisch auszuwerten und Einblick zu erlangen in die kleinräumige Dynamik des Strömungsfeldes, im vorangehenden Kapitel dargestellt wurden, ist dieses Kapitel dem zweiten Ziel der Arbeit gewidmet, Strömungs- und Schichtungslagen für den Raum Biel zu definieren.
Eine Analyse der monatlichen Windrosen zeigt, dass der Hauptteil der Winde aus den Richtungen West bis Nord bei VOGELSANG und TAUBENLOCH auf einige bevorzugte Richtungen beschränkt ist. Bei VOGELSANG beziehen sich 3/4 aller Winde aus dem genannten Quadranten auf die Richtungen 30-34. Beim TAUBENLOCH wehen 90% der oben erwähnten Winde aus den Richtungen 32-36 (vgl. Tabelle 3). Es ist anzumerken, dass sich die Aussage auf die Gesamtzahl aller Beobachtungen bezieht, in der auch die Nordwinde eingeschlossen sind, die vornehmlich nach Frontdurchgängen auftreten. Diese Fälle bilden jedoch eine Minderheit.

Aufgrund dieser Befunde gilt es, eine Methode zu finden, mit der das mittlere tägliche Windgeschehen der Region Biel auf nachvollziehbare Weise klassiert werden kann.

Zeitrafferfilme, die vom Gebäude der Sportschule in Magglingen aus aufgenommen wurden, zeigen bei windschwachen Wetterlagen einen häufigen Windwechsel zwischen einer Nacht- und einer Tagströmung im Mittelland. Gleiche Windwechsel sind auch am Jurasüdhang lokal zu beobachten. Ihr Auftreten beschränkt sich nicht nur auf Schönwetterlagen, wie auch am Beispiel des Inntales gezeigt werden kann (VERGEINER und DREISEITL 1987: 268). Zum Studium dieser Windwechsel bieten sich die beiden Stationen VOGELSANG und TAUBENLOCH an. Die Richtungswechsel sind an diesen Stationen am deutlichsten ausgebildet und es gilt folglich eine Methode zu finden, um die jeweiligen Umschlagspunkte möglichst genau definieren zu können.

Zur Festlegung dieser Umschlagspunkte bieten sich verschiedene Vorgehen an, die nacheinander erprobt und überlegt worden sind. Zunächst könnte man vom astronomischen Sonnenaufgang und -untergang ausgehen und annehmen, dass dieser Zeitpunkt näherungsweise angibt, wann die Strahlungsbilanz positiv und wann sie negativ wird. Dem Einfluss von Nebel und Bewölkung wird dadurch aber nicht Rechnung getragen. Auch der morgendliche Effekt der aus dem St.Immertal abfliessenden Luft wird zuwenig gut erfasst. Der Taubenlochwind dauert über die Zeit des Sonnenaufganges an, weil das Reservoir an Kaltluft in den Talbecken und den beschatteten Klus- und Schluchtpartien trotz der Erwärmung von Hang- und Gipfellagen noch geleert wird. Es ist deshalb sinnvoll, direkt von der Verteilung nächtlicher Bergwinde auszugehen.

Monat	VOGELSANG DD 30-34	TAUBENLOCH DD 32-36
NOV 80	79 %	87 %
DEZ 80	79 %	95 %
JAN 81	64 %	86 %
FEB 81	63 %	94 %
MRZ 81	84 %	87 %
APR 81	81 %	95 %
MAI 81	89 %	90 %
SEP 81	84 %	94 %
OKT 81	83 %	89 %
NOV 81	74 %	88 %
DEZ 81	62 %	76 %
JAN 82	67 %	88 %
FEB 82	80 %	96 %
MRZ 82	67 %	87 %
Mittel	75 %	89 %

Tabelle 3: Anteil der Winde aus Richtung 30-34 bei VOGELSANG und aus Richtung 32-36 bei TAUBENLOCH am Gesamttotal der Winde aus dem Sektor West bis Nord.

Man könnte beispielsweise fragen, auf welchen Zeitraum sich 85 bis 90% der Bergwinde verteilen und dann die zeitlichen Grenzen festlegen. Geht man vom Zeitpunkt Mitternacht aus und schaut, wann gegen Abend und wann gegen Morgen hin das 45 % Quantil aller Bergwindbeobachtungen überschritten wird, so wird eine mitternachtssymmetrische Verteilung vorausgesetzt, die in den wenigsten Fällen zutrifft. Gleiches gilt für den umgekehrten Lösungsweg, bei dem man symmetrisch zum Zeitpunkt minimaler Bergwindbeobachtungen das 5 oder 10% Quantil bestimmt.

Als zweckmässig und sinnvoll hat sich ein empirisch - statistischer Ansatz erwiesen, bei dem für jeden Monat die mittlere stündliche Häufigkeit von Hangabwind- / Taubenlochwindereignissen berechnet wird. Tagsüber wird das Mittel deutlich unterschritten, während der Nacht wird es überschritten. Als Grenze zwischen Tag und Nacht gilt jene Stunde, bei der das Ueber- respektive Unterschreiten des Mittelwerts beobachtet wird.

Im Sommer sind diese Wechsel deutlicher ausgebildet als im Winter. Es erstaunt deshalb nicht, dass zwei gleiche Wintermonate (z.B. Januar 1981 und Januar 1982) aufgrund von Variationen der Wetterlagen unterschiedliche Grenzen zeigen. Bei einer mehrjährigen Messreihe könnten diese Schwankungen statistisch bearbeitet werden. Bei einer kurzen Messreihe wie sie in Biel vorliegt, wird die Grenze durch den Vergleich mit den vorangehenden und den nachfolgenden Monaten (Dezember 1980, 1981 / Februar 1981, 1982) der beiden Jahre bestimmt.

Fragt man nach der Güte der Trennung von Tag- und Nachtwindfeld, so zeigt sich, dass durchschnittlich 90 % der Berg- und Taubenlochwindereignisse der Nacht zugeordnet werden. Damit ist belegt, dass die Vertrauensschwelle die selbe Grösse erreicht, wie sie weiter oben als Vorgabe genannt worden ist.

Dieser Ansatz ermöglicht somit eine monatsbezogene Dreiteilung des Tages in die Zeitabschnitte "Morgen" (=2. Nachthälfte), "Tag" und "Abend" (= 1. Nachthälfte). Die Unterteilung trägt zudem den jahreszeitlichen und lokalen Besonderheiten Rechnung. Letztere zeigen sich deutlich im Vergleich der Station VOGELSANG mit TAUBENLOCH. Während die schwachen Hangabwinde nach Sonnenaufgang rasch zum Erliegen kommen, dauert der Taubenlochwind noch 1 bis 2 Stunden länger an (vgl. Tabelle 5).

Ausser bei den Stationen VOGELSANG und TAUBENLOCH wurde das Windgeschehen auch noch bei den Messstellen STRANDBAD, BOEZINGENMOOS und DIETSCHIMATT aufgezeichnet. Weil diese Stationen im Tal liegen und keine vergleichbaren Effekte wie TAUBENLOCH aufweisen (Kaltluft - Retention), wird die Dreiteilung des Tages gleich durchgeführt wie bei VOGELSANG.

Absolute Haeufigkeit von Winden aus der Richtung 30 - 34 bei VOGELSANG

Monat	Tageszeit																								$\bar{x}$	Σ
	01	02	03	04	05	06	07	08	09	10	11	12	13	14	15	16	17	18	19	20	21	22	23	24		
NOV 80	5	9	6	3	6	4	6	3	1	0	1	1	2	0	0	3	8	8	9	8	6	4	6	6	4.4	105
DEZ 80	7	6	10	11	9	8	6	6	1	2	0	0	1	1	2	4	8	10	9	8	7	7	5	8	5.6	135
JAN 81	8	6	6	1	1	2	3	6	5	3	2	1	1	1	1	1	3	3	4	3	2	6	4	5	3.1	75
FEB 81	7	8	7	7	6	4	4	3	2	0	0	0	1	1	1	1	1	4	7	5	6	9	12	8	4.3	104
MRZ 81	15	13	10	8	9	7	9	2	1	0	0	1	1	1	1	3	3	4	12	12	15	13	17	15	7.2	172
APR 81	15	18	15	14	9	4	3	3	1	1	1	0	0	0	5	6	7	9	13	18	16	18	16	15	8.6	207
MAI 81	15	14	16	14	9	3	1	1	1	0	0	2	1	3	4	4	6	16	18	19	16	18	16	16	8.9	213
JUN 81	19	20	18	18	16	4	2	0	0	2	3	4	3	3	4	6	8	8	16	18	23	20	23	22	11.6	278
JUL 81	19	21	19	22	14	5	1	2	0	1	1	1	1	2	3	6	6	12	20	20	25	20	17	20	10.8	258
AUG 81	21	22	20	23	24	9	1	1	0	2	2	2	2	2	4	5	11	19	23	24	25	24	21	22	12.9	309
SEP 81	15	16	15	17	11	8	4	2	1	1	0	0	1	2	2	8	11	18	21	18	20	18	18	18	10.2	245
OKT 81	15	13	11	11	12	10	5	3	2	1	0	0	2	0	0	5	9	12	13	15	15	16	15	15	8.3	200
NOV 81	12	10	9	10	8	5	6	2	0	0	1	0	1	0	0	7	11	10	14	12	8	10	13	12	6.7	161
DEZ 81	4	6	6	4	5	5	3	4	1	0	2	0	1	3	3	7	4	2	9	8	7	4	5	5	4.1	99
JAN 82	6	6	3	7	4	2	3	0	1	0	0	1	1	1	1	3	4	4	4	4	5	4	3	5	3.0	72
FEB 82	9	6	7	7	8	3	3	1	0	1	0	1	0	1	0	1	3	10	12	13	12	11	10	12	5.5	131
MRZ 82	10	10	8	7	9	9	2	0	1	0	0	0	0	0	1	5	4	6	12	13	11	13	10	11	5.9	142

Im November 81 beziehen sich die Werte nur auf ein Kollektov von 23 Tagen.
Die senkrechten Striche zeigen die gezogenen Grenzen zwischen einem Tages- und einem Nachtwindfeld an.

Absolute Haeufigkeit von Winden aus Richtung 32 - 36 bei TAUBENLOCH

Monat	Tageszeit																								$\bar{x}$	Σ
	01	02	03	04	05	06	07	08	09	10	11	12	13	14	15	16	17	18	19	20	21	22	23	24		
NOV 80	11	12	11	8	8	7	9	7	5	3	4	3	1	0	1	4	8	9	9	9	8	8	6	6	6.5	157
DEZ 80	16	13	15	17	16	17	16	16	13	11	7	1	1	4	4	5	15	13	14	14	13	16	12	16	11.9	285
JAN 81	12	13	10	10	12	11	13	14	13	10	6	3	2	1	2	2	3	7	11	9	10	10	11	13	8.7	208
FEB 81	13	13	15	15	16	15	16	17	9	4	1	0	1	2	4	3	3	13	18	19	16	15	16	14	10.8	258
MRZ 81	20	19	18	15	12	14	17	9	6	1	1	1	1	2	4	4	5	10	16	16	21	19	21	21	11.4	273
APR 81	20	18	20	17	13	16	10	4	1	1	0	0	0	4	3	4	4	11	15	18	21	21	19	18	10.8	258
MAI 81	23	22	23	19	20	15	4	0	0	1	1	3	1	2	4	5	8	18	22	24	23	24	19	19	12.5	150
JUN 81	19	17	20	22	16	12	7	2	2	0	1	2	4	5	4	9	9	12	17	19	22	20	16	16	11.4	273
JUL 81	19	18	20	19	16	16	12	8	2	2	3	1	2	4	5	6	9	8	15	16	19	21	21	21	11.8	283
AUG 81	12	14	13	13	12	10	8	5	3	3	1	0	2	2	2	4	4	10	11	13	13	12	13	10	8.0	191
SEP 81	22	20	21	19	14	16	14	11	2	0	0	1	1	3	7	6	16	23	22	23	24	21	23	23	13.8	332
OKT 81	15	14	15	12	15	11	12	9	2	2	0	1	2	2	2	6	10	16	17	15	15	15	15	17	10.0	240
NOV 81	18	12	15	15	17	16	12	12	5	2	1	0	0	0	0	1	11	15	15	16	17	17	14	12	10.1	242
DEZ 81	8	11	6	6	5	3	6	4	2	0	0	2	1	2	4	6	6	7	9	11	9	9	11	7	5.6	135
JAN 82	9	10	6	8	11	8	7	6	6	4	1	1	1	1	3	6	9	6	7	7	6	10			6.0	145
FEB 82	15	14	13	12	9	6	10	9	9	2	1	1	2	1	0	1	1	11	16	16	17	19	17	16	9.2	110
MRZ 82	14	14	12	12	14	15	13	4	3	0	0	1	2	3	4	4	13	17	19	18	16	15	16		9.5	229

Die Monate Juni bis August 1981 enthalten fehlende Werte. Die Summe aller Winde aus Richtung 32-36
sind deshalb nicht repraesentativ. Trotzdem wurde eine Auswertung vorgenommen, um den Trend
im Tagesverlauf herauszufinden.
Die senkrechten Striche zeigen die gezogenen Grenzen zwischen einem Tages- und einem Nachtwindfeld an.
Im November 81 beziehen sich die Werte nur auf ein Kollektiv von 23 Tagen.

<u>Tabelle 4</u>: Absolute Häufigkeit der Winde aus Richtung 30-34 bei
VOGELSANG und aus Richtung 32-36 bei Taubenloch.

Monat	VOGELSANG Anzahl Stunden			TAUBENLOCH Anzahl Stunden		
	M	T	A	M	T	A
NOV 80	7	9	8	8	8	8
DEZ 80	8	8	8	10	6	8
JAN 81	8	8	8	10	7	7
FEB 81	7	10	7	9	8	7
MRZ 81	7	10	7	7	10	7
APR 81	5	12	7	7	10	7
MAI 81	5	12	7	6	11	7
JUN 81	5	12	7	6	11	7
JUL 81	5	12	7	7	11	6
AUG 81	5	12	7	7	10	7
SEP 81	5	11	8	7	9	8
OKT 81	6	10	8	7	9	8
NOV 81	7	9	8	8	8	8
DEZ 81	8	8	8	10	6	8
JAN 82	8	8	8	10	7	7
FEB 82	7	10	7	9	8	7
MRZ 82	7	10	7	7	10	7

Tabelle 5: Dreiteilung des Tages bei VOGELSANG und TAUBENLOCH in Morgen (M), Tag (T) und Abend (A).

5.2 Berechnung der mittleren Windrichtung für die drei Tagesabschnitte Morgen, Tag, Abend

Nachdem ein Ansatz gefunden wurde, die Beobachtungstage in Abhängigkeit von der Jahreszeit in die Abschnitte "Morgen", "Tag" und "Abend" zu unterteilen, gilt es nun, jedem Abschnitt eine mittlere Windrichtung zuzuordnen. Die Berechnung erfolgt vektoriell und wird nur dann durchgeführt, wenn im entsprechenden Tagesabschnitt der Calmenanteil unter 50% liegt. Sonst wird die Richtung 37 vermerkt. Falls im Verlauf eines Tages fehlende Werte auftreten, wird der ganze Tag gestrichen. Damit Tage mit ähnlichen Strömungsrichtungen und -mustern miteinander verglichen werden können, müssen die berechneten Windrichtungen nochmals zusammengefasst werden. Um die Zahl der möglichen Kombinationen klein zu halten, werden die Windrichtungen 5 Sektoren zugeordnet (vgl. Tabelle 6).

Sektor	Windrichtung (dd)	Bezeichnung
1	01 - 09	Nordost (Bise)
2	10 - 18	Südost
3	19 - 27	Südwest / West
4	28 - 36	Nordwest / Nord (Bergwinde, Taubenlochwind)
5	37	Calmen

Tabelle 6: Definition der Richtungssektoren.

Die Stationen am Jurahang zeigen täglich Wechsel vom Nacht- zum Tageswindfeld, ausgenommen bei kräftiger Bise oder bei Westströmung. Die übrigen Stationen liegen alle in Mulden, was einen hohen Calmenanteil zur Folge hat. Möchte man den einzelnen Tag durch eine signifikante Strömung über Biel beschreiben, bleibt dazu einzig die mittlere Tageswindrichtung übrig. Als Referenzstandorte bieten sich VOGELSANG und TAUBENLOCH an: der erste, weil er 100 Meter über der Stadt liegt und weniger durch bodennahe Inversionen beeinflusst wird als beispielsweise BOEZINGENMOOS, der zweite, weil er auf Dachhöhe liegt. Ein Vergleich der beiden Stationen zeigt, dass die mittlere Verteilung der Tageswindrichtung nahezu identisch ist (vgl. dazu Tabelle 7). Unterschiede treten meistens nur dann auf, wenn die mittlere Windrichtung knapp beidseits der Sektorgrenze liegt.

Sektor	VOGELSANG	TAUBENLOCH	BOEZINGENMOOS
Nordost	156	150	161
Südost	50	51	32
Südwest	268	233	217
Nordwest	34	45	57
Calmen	0	0	4
Total	508	479	471

Tabelle 7: Absolute Häufigkeit der Tageswindrichtungen an den Stationen VOGELSANG, TAUBENLOCH und BOEZINGENMOOS zwischen November 1980 und März 1982.

Tabelle 7 ist weiter zu entnehmen, wie die Verteilung der Tageswindsektoren den Kanalisationseffekt von Jura und Alpen auf die Strömung im Mittelland hervortreten lässt. Bei VOGELSANG und bei TAUBENLOCH weist die Hälfte aller Tage Strömungen aus Südwesten auf. Bei BOEZINGENMOOS ist dieser Anteil etwas kleiner aber trotzdem noch dominant. Als zweithäufigste Tageswindrichtung tritt erwartungsgemäss Nordost in Erscheinung. Tage mit einer Strömung aus Südost treten bei den Hangstationen gleich häufig auf und sind meistens mit sehr schwachen Winden verbunden. Die Muldenlage und der nahegelegene Büttenberg bewirken bei BOEZINGENMOOS eine kleinere Anzahl Tage mit Strömungsrichtung Südost. Dafür steigt der Anteil der Nordwestwinde gegenüber der Hangstation an. Der abfallende Geländerücken von Evilard und der Einschnitt der Taubenlochschlucht ermöglichen den Westwinden einen ungehinderten Eintritt ins Bözingenmoos. VOGELSANG und TAUBENLOCH sind durch die Hanglage besser vor ihnen geschützt. Möglicherweise treten Westwinde am Hang aber häufiger als WSW-Strömung auf, denn die Summe der prozentualen Anteile von Südwest- und Nordwestwinden ergibt bei VOGELSANG 60%, bei TAUBENLOCH und BOEZINGENMOOS 58%. Diese nahezu identischen Summen lassen schliessen, dass wahrscheinlich die Topographie ausschlaggebend ist für den höheren Anteil an Nordwestwinden bei BOEZINGENMOOS.

5.3 Richtungswechsel der mittleren Strömung im Tagesverlauf

In Tabelle 8 sind für die drei Stationen VOGELSANG, TAUBENLOCH und BOEZINGENMOOS die Richtungswechsel der mittleren Strömung vom Nacht- auf das Tageswindfeld und umgekehrt aufgeführt. Die Daten beziehen sich auf die gesamte Beobachtungsperiode von November 1980 bis März 1982. Die Sektoren der Tagesströmung sind in der mittleren Spalte aufgeführt. Ihre Häufigkeiten entsprechen den Werten in Tabelle 7.

Bei Tagesströmung aus Südwest verzeichnet VOGELSANG am Morgen in knapp 50% aller Fälle einen Wechsel von Hangabwinden auf Südwest. In 43% aller Tage herrscht bereits Südwestwind. Am Abend steigt die Häufigkeit der Winddrehung auf Hangabwinde auf 56% an. In 40% der Zeit bleibt die Westströmung erhalten.

Nächtliche Nordostströmungen sind selten, wenn tagsüber Südwestwind herrscht. Entsprechende Tage dürften Situationen zeigen, bei denen im ganzen Mittelland eine entsprechende Umstellung der Winddrehung stattfindet.

An Tagen mit Bise ist die Nordostströmung in 50% der Zeit bereits am Morgen vorhanden. In kanpp 45% der Tage erfolgt der Wechsel von den Hangabwinden zur Nordostströmung. Am Abend dominiert die Winddrehung zum Nachtwindfeld. Gleichbleibende Windrichtung wird in 43% der Zeit verzeichnet. Die Drehungen auf die übrigen Richtungen sind unbedeutend.

Sektor Morgen					Station und Sektor Tag	Sektor Abend				
1 NE	2 SE	3 SW	4 NW	5 Calmen (C)		1 NE	2 SE	3 SW	4 NW	5 C
				VOGELSANG						
78	2	5	70	1	1 (NE)	68	3	6	79	0
9	0	15	26	0	2 (SE)	8	3	9	30	0
19	5	115	129	0	3 (SW)	7	1	108	151	1
1	0	6	27	0	4 (NW)	3	0	6	25	0
				TAUBENLOCH						
67	2	2	79	0	1 (NE)	54	2	6	88	0
21	2	1	26	1	2 (SE)	14	6	7	24	0
24	7	67	134	1	3 (SW)	7	1	79	146	0
5	1	3	36	0	4 (NW)	4	0	4	37	0
				BOEZINGENMOOS						
111	13	6	19	12	1 (NE)	114	8	8	28	3
24	2	4	0	2	2 (SE)	18	7	3	4	0
67	19	88	28	15	3 (SW)	52	12	88	60	5
24	5	12	14	2	4 (NW)	11	0	7	37	2
2	0	1	0	1	5	2	0	1	0	1

Tabelle 8: Richtungswechsel der mittleren Strömung vom Nacht- auf das Tageswindfeld und umgekehrt für die Zeit von November 1980 bis März 1982.

Bei den erwähnten Schwachwindlagen mit Tagesströmung aus Sektor Südost dominiert die Drehung von und zu den Hangabwinden. Bei TAUBENLOCH spielt zudem der Wechsel von und zu Nordostströmungen eine Rolle. Sonst reagiert diese Station ähnlich wie VOGELSANG, das bei Tagesströmung aus Sektor Nordwest meistens auch während der Nacht Nordwestwinde verzeichnet.

BOEZINGENMOOS unterscheidet sich erwartungsgemäss in der Verteilung der Winddrehungen von den Stationen am Jurahang. An Tagen mit Nordostwinden dominiert diese Windrichtung vielfach bereits am Morgen und dauert am Abend weiter an. Dies ist durchschnittlich in 70% aller Fälle zu beobachten. Als zweitwichtigste Strömungsrichtungen treten am Morgen Nordwest und Südost in Erscheinung. Letztere ist gleich häufig wie die morgendlichen Calmen. Am Abend sind die Hangabwinde nach den Nordostwinden die zweitwichtigste Strömung.

Tageswinde aus Südosten sind häufig mit Nordostwinden während der Nacht verbunden. Südostwinde können tagsüber nur dann auftreten, wenn im Mittelland eine signifikante Strömung fehlt, da sie quer zu dessen Streichrichtung wehen. Dies ist ein weiterer Hinweis auf den Schwachwindcharakter der Südostströmungen.

Im Gegensatz zu den Hangstationen treten nach Südwestströmung am Tag nachts häufig auch Nordostwinde auf. Dies ist eine für das Bözingenmoos typische Erscheinung. Der Wechsel auf Hangabwinde ist am häufigsten bei Südwestwinden zu beobachten. Gleiches gilt für den Wechsel von den Hangabwinden auf die Tagesströmung Südwest. Während 40% der Tage herrscht entweder am Morgen bereits eine Südwestströmung oder sie bleibt am Abend weiter erhalten. Hier gleichen die prozentualen Anteile jenen bei den Hangstationen.

Tagesströmungen aus Nordwest dauern vielfach am Abend weiter an. Rund dreimal seltener erfolgt der Wechsel von Nordwest auf Winde aus Sektor Nordost. Diese hingegen sind am Morgen wichtig, bevor die Strömung auf Nordwest umschlägt.

5.3.1 Tageszeitliche Verteilung der vektoriell gemittelten Windrichtungen bei VOGELSANG

Am Morgen kennzeichnen drei Maxima die Verteilung der mittleren vektoriellen Windrichtungen. Winde aus Nordwesten (Hangabwinde) sind erwartungsgemäss am häufigsten vertreten, gefolgt von den Westwinden. Bei den Nordostwinden dominieren die Richtungen 03 und 06. Aus dem Südostsektor liegen keine nennenswerte Aufzeichnungen vor.

Tagsüber dominieren bei VOGELSANG die beiden Windrichtungen Südwest und Nordost. Die einzelnen Mittel streuen um die Richtungen 07 und 23. Strömungen aus südöstlicher Richtung werden nur an wenigen Tagen verzeichnet. Es handelt sich wahrscheinlich um Hangaufwinde, die verbunden mit einer Ostströmung bei der vorliegenden Auswertung überhaupt in Erscheinung treten. Die abendliche Richtungsverteilung gleicht jener vom Morgen. Calmen, welche die ganze Nacht andauern, treten von einer Ausnahme abgesehen, nicht auf.

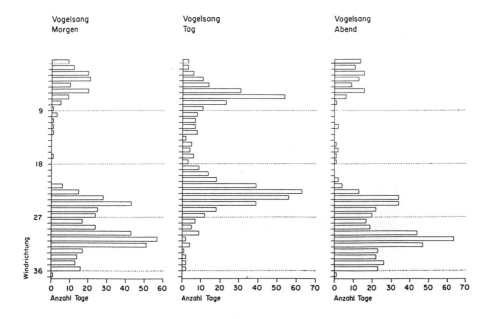

Figur 11: Verteilung der pro Tagesabschnitt vektoriell gemittelten Windrichtungen an der Station VOGELSANG.

5.3.2 Tageszeitliche Verteilung der vektoriell gemittelten Windrichtungen bei TAUBENLOCH

Die nächtliche Richtungsverteilung gleicht jener von VOGELSANG. Allerdings zeigt sich die kanalisierende Wirkung der Schlucht sehr deutlich an der grossen Häufigkeit der Winde aus den Richtungen 33 bis 36. In der Nacht ist der Anteil der Winde aus Südosten vernachlässigbar klein und nimmt tagsüber ähnliche Prozentwerte an wie bei VOGELSANG. Das scheint zu beweisen, dass es sich nicht allein um lokale Hangaufwinde handelt, sondern um Tage mit leichten Ostwinden. Wären es typisch lokale Strömungen, so müsste deren Häufigkeitsverteilung deutlicher in Erscheinung treten.

Das Windfeld vor Mitternacht gleicht dem des Morgens. Es scheint, dass zwischen der ersten und der zweiten Nachthälfte im Mittel eine Winddrehung im Gegenuhrzeigersinn erfolgt. Dies könnte ein statistischer Hinweis auf Beobachtungen der Feldexperimente im September 1985 sein, wonach die Luft am Morgen aus grösserer Höhe des Talquerschnitts über den abschliessenden Felssporn fliesst und durch diesen nicht mehr kanalisiert wird. Die sehr kalte bodennahe Luft bleibt dagegen wegen ihrer hohen Viskosität in den Mulden und Schluchtpartien stecken und stagniert.

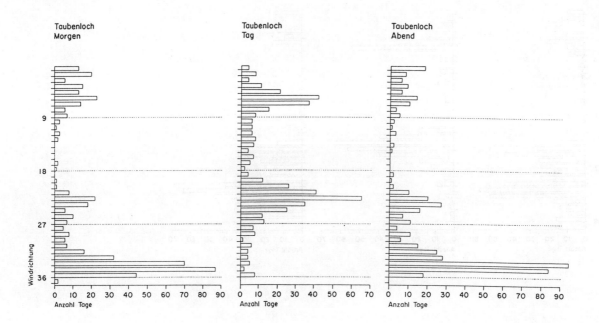

Figur 12: Verteilung der pro Tagesabschnitt vektoriell gemittelten Windrichtung an der Station TAUBENLOCH.

5.3.3 Tageszeitliche Verteilung der vektoriell gemittelten Windrichtungen bei BOEZINGENMOOS

Im Vergleich zu VOGELSANG und TAUBENLOCH ist der Calmenanteil (Windrichtung 37) im BOEZINGENMOOS hoch. Das Auftreten der Calmen zeigt einen deutlichen Tagesgang und erreicht das Häufigkeitsmaximum in der 2. Nachthälfte, dann also, wenn auch die Bodeninversion am kräftigsten ausgebildet ist.

Nordostströmungen sind in der zweiten Nachthälfte und am Tag markant auf die Richtungen 05 bis 07 konzentriert, während am Abend die Richtungen gleichmässig streuen. Winde aus dem Sektor Südost sind zu allen Tageszeiten gleich schwach vertreten. Westwinde zeigen einen deutlichen Tagesgang in ihrem Auftreten, ebenso Winde aus Nordwest bis Nord. Diese sind am Abend doppelt so stark vertreten wie am Morgen, was ein Hinweis auf abendliche Fallwinde ist.

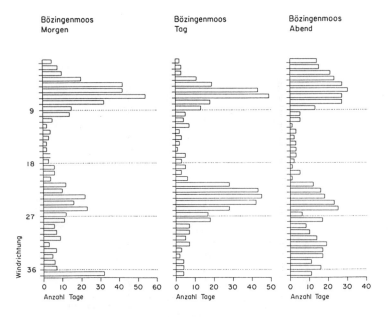

Figur 13: Verteilung der pro Tagesabschnitt vektoriell gemittelten Windrichtung an der Station BOEZINGENMOOS.

5.3.4 Tageszeitliche Verteilung der vektoriell gemittelten Windrichtungen bei STRANDBAD und DIETSCHIMATT

Nebst BOEZINGENMOOS zeigt auch STRANDBAD einen deutlichen Calmenanteil in den Nachtstunden. Während die Westrichtung deutlich ausgebildet ist, streuen Winde aus Nordosten über den gesamten ersten Richtungssektor. Am Morgen treten die Richtungen 08 bis 11 gehäuft auf. Dies lässt schliessen, dass es sich dabei um Kaltluft handelt, die durch das Brüggmoos in die westlichen Stadtgebiete einfliesst.

Bei DIETSCHIMATT tritt der Reliefeinfluss deutlich hervor. Während bei BOEZINGENMOOS der Nordostsektor gut vertreten ist, kommt er in der Dietschimatt nur schwach zur Geltung. Dafür dominiert tagsüber der Südostsektor. Im Vergleich mit den übrigen Stationen erfahren hier die Südwestwinde eine leichte Drehung im Uhrzeigersinn. Die breite Streuung der abendlichen West-Nordwestwinde lässt auf den Einfluss des Taubenlochwindes schliessen.

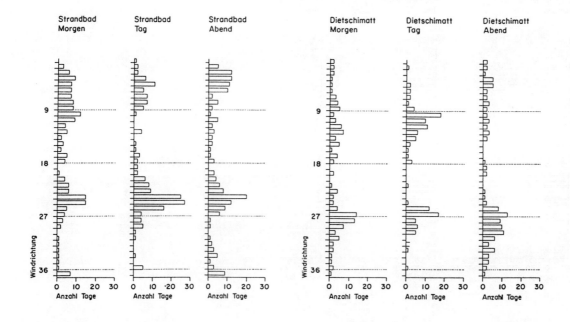

Figur 14: Verteilung der pro Tagesabschnitt vektoriell gemittelten Windrichtung an den Stationen STRANDBAD und DIETSCHIMATT.

5.4 Vergleich des mittleren Temperaturgradienten mit dem Vektormittel der nächtlichen katabatischen Winde im Raume Biel

Beobachtungen an Einzeltagen liessen vermuten, dass der Verlauf der Geschwindigkeiten von Hangabwinden und dem "Taubenlöchler" eng mit dem Verlauf des bodennahen Temperaturgradienten zusammenhängen. Um die Streuung der Einzelereignisse möglichst klein zu halten, wurden bei VOGELSANG nächtliche Winde aus den Richtungen 30 bis 32 als Hangabwinde definiert. Bei Bözingen bestand der "Taubenlöchler" aus dem selben Grund nur aus Winden aus den Richtungen 33 bis 36. Weiter wurde für die Gegenüberstellung noch in Sommer- und Winterhalbjahr unterteilt. Die Resultate sind in Figur 15 dargestellt.

Bei VOGELSANG sind die Hangabwinde in den ersten Nachtstunden in beiden Halbjahren am kräftigsten ausgebildet und flauen gegen Morgen hin sukzessive ab. Erwartungsgemäss ist dieses Verhalten im Sommer deutlicher vorhanden als im Winter, wo zudem eine beachtliche Streuung vorliegt. Streuung zeigen auch die Temperaturgradienten. Im Sommerhalbjahr wächst der Gradient pro Zeiteinheit rascher an als im Winter und scheint den Maximalwert durchschnittlich vor Sonnenaufgang zu erreichen. Im Winterhalbjahr erreicht der mittlere Temperaturgradient bereits um Mitternacht seinen Maximalwert und scheint bis in den Morgen hinein mehr oder weniger konstant zu bleiben. Das bedeutet, dass die zeitliche Aenderung des Wärmeflusses sowohl am Hang als auch am Talboden konstant ist. Dies könnte im Zusammenhang stehen mit den häufigen winterlichen Hochnebelsituationen im Raum Biel. Im Sommer verschärft sich der Temperaturgradient bis um Mitternacht stärker als im Winter, was mit dem fehlenden Hochnebel und den geänderten Strahlungsverhältnissen zusammenhängt. Interessanterweise gleichen sich die mittleren Maxima der Gradienten im Sommer und Winter.

Beim Taubenlochwind verläuft im Winter die mittlere Geschwindigkeit ausgeglichener als im Sommer, wo sie nach 02 Uhr rückläufig ist. Die Temperaturgradienten zeigen in beiden Halbjahren einen gleichen zeitlichen Verlauf wie bei den Hangabwinden. Im Sommer ist eine steile Zunahme des mittleren Gradienten bis um Mitternacht zu verzeichnen und anschliessend ein leichter Rückgang. Auch hier können die jahreszeitlichen Unterschiede mit dem Vorhandensein oder dem Fehlen von Nebel erklärt werden. Zudem übersteigen auch im Vergleich mit der Taubenlochströmung die grössten mittleren Temperaturgradienten den Wert von 3 K nicht.

Zusammenfassend lässt sich sagen, dass auch im Raum Biel die katabatischen Winde im Sommer stärker ausgebildet sind als im Winter. Verantwortlich dafür sind die unterschiedlichen Strahlungsbilanzen, unter anderem bedingt durch das nebelreiche Winterhalbjahr.

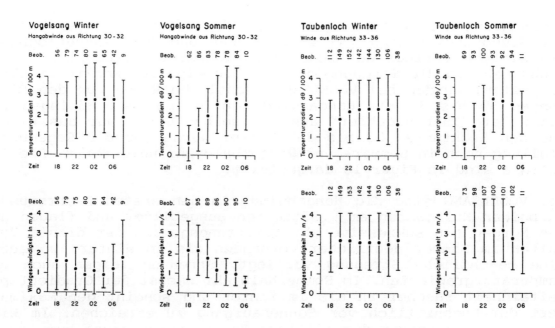

Figur 15: Mittlerer Temperaturgradient (dθ/100m) und Geschwindigkeitsverlauf in Abhängigkeit von der Tages- und der Jahreszeit an den Stationen VOGELSANG und TAUBENLOCH.

5.5 Schätzung des Temperaturgradienten zwischen VOGELSANG und BOEZINGENMOOS aus den Winddaten von BOEZINGENMOOS

Aufgrund der Beobachtungen im vorangehenden Kapitel stellte sich die Frage, ob es bei den regelmässig wiederkehrenden Strömungsverhältnissen und dem häufigen Aufbau einer Bodeninversion möglich ist, den herrschenden Temperaturgradienten aus den Windgeschwindigkeiten herzuleiten. Dieser Frage steht die Ueberlegung zugrunde, dass nachts die thermische Turbulenz vollständig unterbunden ist und der vertikale Temperaturgradient in Bodennähe in direktem Zusammenhang steht mit der mechanischen Turbulenz. Ist diese hoch, so herrscht auch eine gute Durchmischung der bodennahen Luftschicht. Ist sie klein, so wird der Temperaturgradient als Folge der negativen Strahlungsbilanz und dem Wärmefluss zum Boden positiv und erreicht je nach Bewölkungsgrad relativ grosse Werte (OKE 1978:50).

Für die Untersuchung wurden die Windgeschwindigkeiten sektorweise dem Gradienten der potentiellen Temperatur gegenübergestellt, der zwischen VOGELSANG und BOEZINGENMOOS herrschte. Versuche zeigten, dass sich die Potenzfuntion ($y=ax^b$) am besten für eine Schätzung des Gradienten eignet. Die Korrelationskoeffizienten wurden alle gegen die Nullhypothese getestet, die besagt, dass keine Korrelation vorliegt. Mit wenigen Ausnahmen liegt die Vertrauenswahrscheinlichkeit, dass eine Korrelation angenommen werden darf, bei 99.9%.

Die Richtungssektoren sind in Analogie zu früheren Vergleichen ohne Aenderung übernommen worden: Bise (01-09), Südost (10-18), Südwest (19-27) und Nordwest (28-36). Weiter wurde unterschieden zwischen Wertepaaren während dem Tag und solchen in der Nacht. Die nächtlichen Wertepaare wurden zudem noch in je ein Sommer- und in ein Winterkollektiv unterteilt. Die Monate November bis April zählen zum Winterhalbjahr. Mai bis Oktober gehören zum Sommerhalbjahr.

Tageszeit/ Windsektor	Koeffizient a	Koeffizient b	Bestimmtheitsmass r^2	Anzahl Wertepaare
Tag				
Nordost	.883	-.288	.052	886
Südost	.532	-.472	.103	231
Südwest	.344	-.310	.037	923
Nordwest	.481	-.117	.025	239 (*)
(* Exponnentialfunktion)				
Nacht				
Nordost	.771	-.678	.267	1271
Südost	.682	-.611	.159	277
Südwest	.461	-.653	.227	791
Nordwest	.515	-.649	.233	543

Tabelle 9: Koeffizienten der Schätzfunktionen für die Berechnung des Temperaturgradienten aus den Windgeschwindigkeiten im Bözingenmoos. Tageszeitliche Unterschiede.

In Tabelle 9 sind die Resultate aus dem Vergleich der Schätzfunktionen für den Tag und solchen für die Nacht aufgeführt. Dabei wird anhand des Bestimmtheitsmasses deutlich, dass nachts erwartungsgemäss ein wesentlich grösserer Zusammenhang zwischen horizontaler Windgeschwindigkeit und dem Temperaturgradienten besteht als tagsüber. Deshalb sollen im folgenden nur noch die Nachtdaten diskutiert werden. Hier zeigte sich, dass die beste Korrelation bei Fällen mit Nordostströmungen bestehen. Schätzungen mit Strömungen aus Südwest und Nordwest weisen ähnliche Bestimmtheitsmasse auf, während dieses bei Südostströmungen am kleinsten ist. Unter der Annahme einer Windgeschwindigkeit von 1m/s zeigt sich, dass der Gradient bei Nordostströmungen mit dθ/100m = +0.8K am grössten ist. Bei Südwest- und Nordwestwinden liegt er bei +0.5K. Abschätzungen aufgrund von Südostströmungen ergeben ähnliche Werte wie bei Winden aus Nordost.

Die hohen Gradientwerte bei Nordostwinden lassen sich mit den häufig beobachteten seichten Strömungen erklären, die in Bözingenmoos oft ab einer bestimmten Mächtigkeit der bodennahen

Kaltluft entstehen. Die grosse Zahl von Schwachwindfällen wirkt sich auf diese Weise auf die Berechnung der Schätzfunktion für den Temperaturgradienten aus.

Ergänzend wurde untersucht, ob sich die Schätzungen im Sommerhalbjahr von jenen des Winterhalbjahres unterscheiden. Die Resultate sind in Tabelle 10 dargestellt. Sie zeigen, dass sich die linearen Koeffizienten nicht signifikant unterscheiden. Lediglich beim Bestimmtheitsmass scheint ein Trend für bessere Schätzungen mit Winterdaten vorzuliegen.

Tageszeit/ Windsektor	Koeffizient a	Koeffizient b	Bestimmtheitsmass r^2	Anzahl Wertepaare
Wintermonate (NOV - APR)				
Nordost	.798	-.724	.298	895
Südost	.677	-.677	.209	180
Südwest	.492	-.669	.200	588
Nordwest	.530	-.712	.304	333
Sommermonate (MAI - OKT)				
Nordost	.699	-.656	.190	376
Südost	.686	-.516	.094	97
Südwest	.390	-.674	.155	203
Nordwest	.497	-.558	.155	210

Tabelle 10: Koeffizienten der Schätzfunktionen für die Berechnung des Temperaturgradienten aus den Windgeschwindigkeiten im Bözingenmoos. Jahreszeitliche Unterschiede.

5.6 Ausgewählte Strömungslagen an den Stationen VOGELSANG, TAUBENLOCH und BOEZINGENMOOS

Nachdem für jede Station ein typischer Tagesgang der Strömung definiert werden kann, gilt es, die Häufigkeitsverteilung der wichtigen Strömunglagen zu bestimmen. Dazu wurden die Daten aus den Wintern 1980/81 und 1981/82 zu einem einzigen Kollektiv zusammengefasst. Für die Berechnung fanden nur Tage Verwendung, an denen keine der drei Stationen fehlende Werte aufwies. Die Resultate sind in Tabelle 11 dargestellt. Es sind nur Tagesgänge aufgeführt, die während dem beschriebenen Zeitraum an mehr als 5 Tagen auftraten. Bei VOGELSANG kann mit 11 typischen Tagesgängen 84% der Beobachtungszeit im Winterhalbjahr beschrieben werden. Am Taubenlochausgang reichen 14 Tagesgänge für 87% des selben Zeitraums. Weil im Bözingenmoos der hohe Anteil an Schwachwinden eine Vielzahl von Richtungsänderungen erlaubt, liegen die Prozentwerte tiefer. 11 Tagesgänge beschreiben 61% der Beobachtungszeit. Während dem einzigen Sommerhalbjahr mit kontinuierlicher Datenerhebung stehen die Werte in einem ähnlichen Verhältnis zu einander wie in den beiden Winterhalbjahren. Die Auswertung bestätigt, dass sich VOGELSANG gut für die Beschreibung des Windfeldes über dem westlichen Stadtteil von Biel eignet.

Deshalb soll noch vor der Extrapolation auf die Fläche untersucht werden, wieweit das Windfeld über der Stadt während dem Tag mit jenem im Mittelland korrespondiert. Dazu werden die oben bezeichneten Datenkollektive verwendet und in die einzelnen Halbjahre unterteilt. Tabelle 12 zeigt die Tagesströmungen bei VOGELSANG im Vergleich zu jenen an den beiden anderen Stationen. Der Einfluss der Topographie ist dominant und lässt die Zahl der Tage mit NE-Strömung von Südwest nach Nordost ansteigen. Umgekehrtes gilt für Westwinde.

Tagesströmungen aus Sektor 4 treten im Osten häufiger auf als im Westen. Wahrscheinlich ist dies auf die geringe Höhe des Geländerückens von Evilard und auf den Einschnitt der Klus von Reuchenette zurückzuführen. Beide bilden eine Oeffnung nach Nordwesten in den Jura hinein, durch die West- bis Nordwestwinde leichter in den Raum Bözingen - Biel-Mett eindringen. Dagegen liegen die seenahen Stadtteile stärker im Reliefschatten von Magglingen. Im Vergleich zum Sommer treten im Winter gehäuft Tagesströmungen aus dem Sektor 2 auf. Sie zeichnen sich durch sehr kleine Windgeschwindigkeiten aus. Die mittlere Windrichtung schwankt zwischen 120 und 140 Grad, was bedeutet, dass Emissionen aus der Stadt kontinuierlich gegen den Hang verfrachtet werden. Im Bereich von VOGELSANG und darüber ist mit Immissionsspitzen zu rechnen. Die durchschnittliche Windgeschwindigkeit liegt an solchen Tagen nicht nur bei VOGELSANG, sondern auch bei den übrigen Stationen unter 0.6m/s. Dieser Wert gilt für alle Jahreszeiten. Folglich muss während den entsprechenden Tagen die Durchmischung der bodennahen Luft minimal sein und die Tage sind den austauscharmen Situationen zuzurechnen. Bezogen auf die Strömungslagen bei VOGELSANG herrschten im Winter an 15 der total 31 Tage Hochdrucklagen. An 6 weiteren Tagen waren Flachdrucklagen für die schwache Bodenströmung verantwortlich. Auch im Sommer erklären diese beiden Wetterlagen rund 2/3 der Zeit mit einem Tagessektor 2.

Eine generelle Korrelation von Winddaten der Station VOGELSANG mit solchen aus dem 850 hPa Niveau über Payerne ist wenig sinnvoll, weil sich während der Nacht regelmässig eine Entkopplung von Boden- und Höhenwindfeld einstellt. Davon ausgenommen sind einzig Starkwindereignisse bei Bise oder Westwind.

Aus den Beispielen typischer Tagesgänge des Stromfeldes über Biel ist ersichtlich, dass sich die stabile Temperaturschichtung erwartungsgemäss im Verlauf des Nachmittags abschwächt oder sogar auflöst. Deshalb scheint es angebracht, die mittlere Tageswindrichtung bei VOGELSANG der jeweiligen, für die Region Biel charakteristischen Strömung gleichzusetzen. Wieweit nun diese Strömung jener im Mittellandquerschnitt entspricht, soll die Gegenüberstellung mit den Messwerten im 850 hPa Niveau um 12 UTC zeigen (Sondierung Payerne). Sie ist in Tabelle 13 aufgeführt. FURGER (1989, in Vorbereitung) weist nach, dass die Strömung über der Schweiz bis ins 700 hPa Niveau durch den Alpenbogen und etwas tiefer auch durch den Jura kanalisiert wird. Der Vergleich in Tabelle 13 bestätigt dies auch in bezug auf Biel. Herrscht in der Höhe eine Strömung aus Nordost bis Ost, so treten auch am Boden mehrheitlich Winde aus der genannten Richtung auf. Gegenströmungen am Boden sind seltener als bei Höhenwinden aus West bis Nordwest.

Winterhalbjahr (Nov80-Mrz81/Nov81-Mrz82)

Station	VOGELSANG		TAUBENLOCH		BOEZINGENMOOS	
Strömungslage / Anzahl Beobachtungen	111	36	111	28	111	50
	114	17	114	18	112	7
	324	7	121	8	114	8
	333	47	124	6	121	10
	334	34	133	7	131	6
	411	15	134	7	133	13
	414	12	333	22	211	6
	424	8	334	23	331	9
	433	23	411	11	333	37
	434	21	414	25	334	13
	444	8	424	9	433	7
			433	24		
			434	37		
			444	13		
Anzahl Strömungslagen/ Anzahl Beobachtungen	11	228	14	238	11	166
Anteil in Prozenten des Totals aller Beobachtungstage		84		87		61
Total aller Beobachtungstage		273		273		273

Sommerhalbjahr (Apr81-Okt81)

Station	VOGELSANG		TAUBENLOCH		BOEZINGENMOOS	
Strömungslage / Anzahl Beobachtungen	114	13	111	7	111	24
	134	6	114	9	114	10
	333	6	334	9	131	11
	334	16	411	7	133	11
	414	22	414	26	134	11
	424	8	424	6	144	11
	433	14	433	8	234	6
	343	48	434	55	333	10
	444	12	444	16	334	9
					411	9
					431	7
					434	6
Anzahl Strömungslagen / Anzahl Beobachtungen	9	145	9	143	12	125
Anteil in Prozenten des Total aller Beobachtungstage		83		82		71
Total aller Beobachtungstage		175		175		175

Tabelle 11: Absolute Häufigkeit von Strömungslagen an den Stationen VOGELSANG, TAUBENLOCH und BOEZINGENMOOS in Abhängigkeit von der Jahreszeit. Es sind nur Lagen aufgeführt, die an mehr als 5 Tagen auftraten.

Station / jahreszeit	Anzahl Beobachtungen	Tagesströmung aus Sektor					Anzahl Lagen
		1 NE	2 SE	3 SW	4 NW	5 Calmen	
Winter							
VOGELSANG	273	88	31	144	10	0	35
TAUBENLOCH	273	89	38	128	18	0	37
BOEZINGENMOOS	273	95	26	125	23	5	58
Sommer							
VOGELSANG	175	48	11	94	22	0	27
TAUBENLOCH	175	52	9	91	23	0	24
BOEZINGENMOOS	175	56	6	84	29	0	39

Tabelle 12: Windrichtungen während den Tagesstunden an den Stationen VOGELSANG, TAUBENLOCH UND BOEZINGENMOOS.

Winter (Nov80-Mrz81   Nov81-Mrz82)

Sektor VOGELSANG	Sektor Payerne (Anzahl Beobachtungen)				Total
	1 NE	2 SE	3 SW	4 NW	
1 NE	52	14	16	6	88
2 SE	10	4	14	3	31
3 SW	7	4	112	21	144
4 NW	2	0	4	4	10

Sommer (Apr81-Okt81)

Sektor VOGELSANG	Sektor Payerne (Anzahl Beobachtungen)				Total
	1 NE	2 SE	3 SW	4 NW	
1 NE	34	3	10	1	48
2 SE	1	1	8	0	10*
3 SW	3	6	73	11	93*
4 NW	4	1	10	7	22
					* je ein fehlender Wert in den Sondierungen von Payerne

Tabelle 13: Vergleich der mittleren Tageswindrichtung bei VOGELSANG mit dem 850 hPa-Windfeld über Payerne (12 UTC).

5.7 Ausgewählte Strömungs-Schichtungslagen in der Region Biel

Der nächste Schritt besteht darin, die Beschreibung des Bodenwindfeldes auf die Fläche auszudehnen und die Temperaturschichtung zu berücksichtigen. Erneut eignen sich dazu besonders die Stationen VOGELSANG und TAUBENLOCH. Erstere, weil sie 100m über der Stadt liegt und weniger durch bodennahe Inversionen beeinflusst wird als beispielsweise BOEZINGENMOOS, die zweite wegen ihrem Standort auf Dachhöhe am Taubenlochausgang. Ein Vergleich der beiden Stationen zeigte, das die mittlere Verteilung der Tageswindrichtung nahezu gleich ist. Ziel ist es, unter Einbezug der Temperaturschichtung typische Tagesgänge des Bodenwindfeldes zu definieren, die unter anderem auch in Ausbreitungsmodellen eingesetzt werden können. FILLIGER hat in Form einer Fallstudie das Bodenwindfeld des 10. Dezembers 1980 in vier Zeitschnitten für die Ausbreitungsrechnung angewandt (FILLIGER 1986: 104). Im folgenden werden die Strömungskombinationen von VOGELSANG und TAUBENLOCH stets gemeinsam verwendet und mit dem Tagesgang des Gradienten der potentiellen Temperatur ($d\theta/100m$) verbunden. Daraus leiten sich 4 Hauptgruppen von Strömungs-Schichtungslagen ab:

Schichtungstyp 1: Die Temperaturschichtung bleibt den ganzen Tag über mehr oder weniger konstant und nimmt maximal Werte an, die einer isothermen Schichtung entsprechen.

Schichtungstyp 2: Die Schichtung ist im Verlauf der zweiten Nachthälfte und während des Tages höchstens isotherm, nimmt aber in der darauffolgenden ersten Nachthälfte stark positive Werte an.

Schichtungstyp 3: Die Schichtung ist in der zweiten Nachthälfte sehr stabil und nimmt im Verlauf des Tages Werte von weniger als +1.2 K an. Diese Schranke wird in der darauffolgenden ersten Nachthälfte nicht überschritten.

Schichtungstyp 4: Die Schichtung zeigt einen ausgeprägten Tagesgang, in dessen Verlauf erst über Mittag und am Nachmittag Isothermie oder neutrale Schichtung erreicht werden.

Da die Schichtung aus den Stationen VOGELSANG und BOEZINGENMOOS gerechnet wird, kann sie den tatsächlichen Verlauf der vertikalen Temperaturverteilung nie exakt wiedergeben. Immerhin zeigt sie aber einen generellen Trend an. Weiter darf man unter der Annahme einer starken Erwärmung der Stadt gegenüber dem Umland davon ausgehen, dass im Winter auch tagsüber eine nahezu neutrale Schichtung erreicht wird.

Die beschriebenen Strömungs-Schichtungslagen basieren auf einem Datenkollektiv von 17 Monaten. In ihm sind zwei Winterhalbjahre und ein Sommerhalbjahr enthalten. Diese äusserst kurze Zeit der Datenerfassung bewirkt eine ungleiche Gewichtung von Winter- und Sommersituationen und verteilt auf die einzelnen Strömungs-

Schichtungslagen eine geringere Anzahl von Beobachtungstagen. Dadurch fehlt den meisten Lagen ein ausreichend grosses Tageskollektiv für statistisch vollständig gesicherte Aussagen.

Bei grösseren Datenkollektiven dürften sich die Mittelwerte von Temperaturschichtung und Windgeschwindigkeit gegenüber den dargestellten Resultaten leicht verändern. Da ein Grossteil der Windgeschwindigkeiten zwischen 1 und 3m/s liegt, ist die Schwankungsbreite jedoch klein. Auch im Bereich der Schwachwinde mit Geschwindigkeiten von weniger als 1m/s sind keine grossen Aenderungen zu erwarten. Schwankungen beim mittleren Temperaturgradienten dürften im Bereich von ±0.5 K liegen. Es ist deshalb anzunehmen, dass der Trend im Tagesgang des Gradienten gleich bleibt. Gleich bleiben wird auch der Mittelwert der Windrichtung, weil sein Betrag dominant durch das Relief bestimmt wird. Somit ist es trotz Vorbehalten zulässig, Strömungs-Schichtungsmuster zu rechnen. Bei einem anderen Vorgehen müssten Windrichtung und -geschwindigkeit zwischen den festen Messstellen interpoliert werden. Diese Resultate wären ebenfalls mit Unsicherheiten behaftet. Die Geländeklimatologie stellt damit Grundlagen bereit, die es erlauben, mit aufwendigen Ausbreitungsmodellen episodenhaft Immissionskonzentrationen zu rechnen. Die beschriebenen Strömungs-Schichtungslagen sind in Tabelle 14 zusammengefasst. Es sind nur Lagen aufgeführt, die an mehr als 5 Tagen vorkamen. Der Temperaturgradient zwischen VOGELSANG und BOEZINGENMOOS wird durch den Gradienten der potentiellen Temperatur ausgedrückt ($d\theta/100m$).

Schichtung-typ	Gruppen-nummer	Halb-jahr	Strömungs-kombination VOGELSANG/TAUBENLOCH		Anzahl Tage
1	1.1	Winter	333 / 333	(↗↗↗ / ↗↗↗)	26
	1.2	Winter	111 / 111	(↙↙↙ / ↙↙↙)	20
	1.3	Winter	333 / 433	(↗↗↗ / ↘↗↗)	11
2	2.1	Winter	334 / 334	(↗↗↘ / ↗↗↘)	15
	2.2	Winter	114 / 114	(↙↙↘ / ↙↙↘)	9
	2.3	Sommer	334 / 334	(↗↗↘ / ↗↗↘)	8
3	3.1	Winter	433 / 433	(↘↗↗ / ↘↗↗)	10
	3.2	Sommer	433 / 433	(↘↗↗ / ↘↗↗)	7
	3.3	Winter	333 / 334	(↗↗↗ / ↗↗↘)	7
4	4.1	Sommer	434 / 434	(↘↗↘ / ↘↗↘)	37
	4.2	Sommer	414 / 414	(↘↙↘ / ↘↙↘)	18
	4.3	Winter	334 / 434	(↗↗↘ / ↘↗↘)	16
	4.4	Winter	434 / 434	(↘↗↘ / ↘↗↘)	11
	4.5	Winter	111 / 414	(↙↙↙ / ↘↙↘)	7
	4.6	Sommer	114 / 114	(↙↙↘ / ↙↙↘)	6
	4.7	Winter	333 / 434	(↗↗↗ / ↘↗↘)	6
	4.8	Sommer	444 / 444	(↘↘↘ / ↘↘↘)	6

Tabelle 14: Häufigste Strömungs-Schichtungslagen in der Region Biel.

5.8 Strömungslagen vom Schichtungstyp 1

5.8.1 Gruppennummer 1.1 (Winter 333 / 333, 26 Tage)

Die Westlage ist die wichtigste Strömungs-Schichtungslage dieser Gruppe. Sie zeichnet sich durch eine ausgesprochene Konstanz von Winrichtung und -geschwindigkeit aus. Signifikante Unterschiede zwischen Tag und Nacht fehlen. Das lokale Windfeld wird vollständig durch die synoptische Strömung dominiert. Bei der Temperaturschichtung ist ein schwacher Tagesgang erkennbar. Die Gradienten sind generell kleiner als +1.0 K.

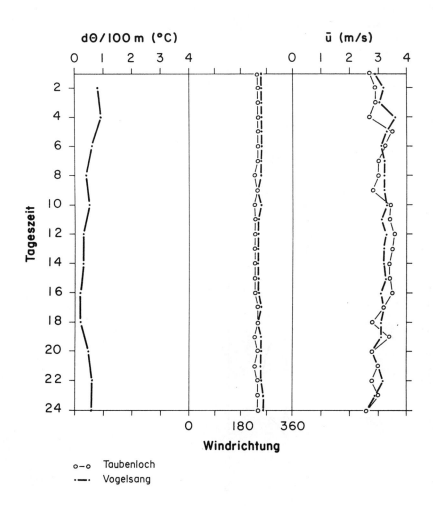

Figur 16: Strömungs-Schichtungslage 1.1.

5.8.2 Gruppennummer 1.2 (Winter 111 / 111, 20 Tage)

Die Strömungs-Schichtungslage 1.2 ist die typische Bisenlage, bei der auch nachts kein Lokalwindfeld entsteht. Verantwortlich dafür sind häufige Hochnebel (reduzierte Ausstrahlung) und der grossräumige Druckgradient, der auch während der Nacht Windgeschwindigkeiten bewirkt, die eine ausreichend grosse mechanische Turbulenz aufrecht erhalten können und so verhindern, dass die Temperaturschichtung dθ/100m stabiler wird als +1.0 K. Verglichen mit der Westlage ist ebenfalls eine deutliche Richtungskonstanz zu beobachten. Hingegen zeigen die Windgeschwindigkeiten bei Bisenlage einen deutlichen Tagesgang, bei dem die höchsten Werte im Verlauf des Nachmittags erreicht werden. Zudem liegen sie bei VOGELSANG generell höher, als über Bözingen. Vermutlich ist die Geschwindigkeitsdifferenz eine Folge der städtischen Oberflächenrauhigkeit. Allerdings ist anzumerken, dass die Rauhigkeitslänge kein konstanter Faktor ist, sondern von der Windrichtung abhängt und auch vertikal variieren kann (FILLIGER 1986: 23).

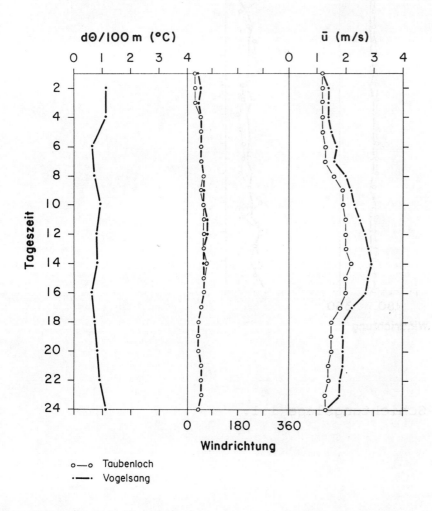

Figur 17: Strömungs-Schichtungslage 1.2.

5.8.3 Gruppennummer 1.3 (Winter 333 / 433, 11 Tage)

Die Strömungs-Schichtungslage zeigt in der zweiten Nachthälfte zunächst schwache Winde an beiden Stationen. Der Wind weht bei VOGELSANG konstant aus Richtung West-Südwest, also nahezu hangparallel. Mit Ausnahme der zweiten Nachthälfte ist dies auch bei TAUBENLOCH der Fall. Hier ist vorerst noch ein schwacher Kaltluftabfluss aus dem St.Immertal wirksam. Die kleinen Windgeschwindigkeiten deuten darauf hin, dass die nächtliche Ausstrahlung nicht Werte erreicht, welche die üblichen Geschwindigkeiten von 3m/s und mehr entstehen lassen, sondern dass die Rückstrahlung durch bedeckten Himmel eine wesentliche Rolle spielt. Die Strömungs-Schichtungslage 1.3 gehört in den Zeitraum, in dem Südwestwinde über dem Mittelland auffrischen (präfrontal), in windgeschützten Tallagen und Mulden aber noch Kaltluft liegt, die gravitativ abfliesst. Lage 1.3 ist somit Vorläufer zur eigentlichen Westlage 1.1. Im Gegensatz zu dieser scheint sich erneut der Einfluss der Oberflächenrauhigkeit abzuzeichnen, indem VOGELSANG Windgeschwindigkeiten zeigt, die durchschnittlich 0.5m/s über jenen bei TAUBENLOCH liegen. Bei der Westlage 1.1 fehlen diese Unterschiede möglicherweise infolge grösserer Windgeschwindigkeiten und erhöhter Turbulenz.

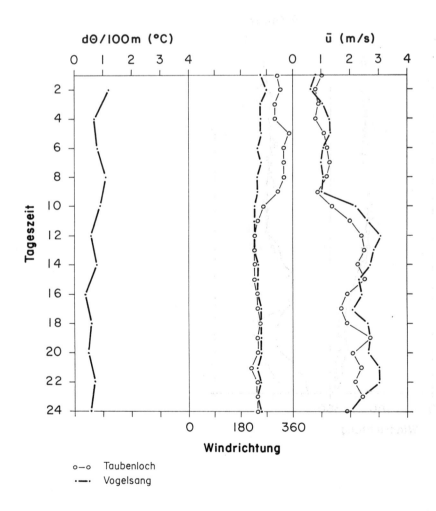

Figur 18: Strömungs-Schichtungslage 1.3.

5.9 Strömungslagen vom Schichtungstyp 2

5.9.1 Gruppennummer 2.1 (Winter 334 / 334, 15 Tage)

Bei dieser Lage fällt auf, dass mit Ausnahme der ersten Nachthälfte der Temperaturgradient zwischen trocken- und feuchtadiabatischer Schichtung schwankt. Die Wetterkarten zeigen, dass in den meisten Fällen kurz vor oder während dem Tag mit Strömungs-Schichtungslage 2.1 ein Kaltfrontdurchgang zu verzeichnen ist. Demnach ist dieser Lage das Rückseitenwetter mit seinen verschiedenen Spielarten zuzuordnen. Es erstaunt nicht, dass tagsüber konstant Windgeschwindigkeiten von 2m/s und mehr gemessen werden, die erst gegen Abend unter gleichzeitiger Winddrehung auf NNW abflauen. Der Richtungswechsel des Windes ist ursächlich mit dem Anstieg des Temperaturgradienten verbunden. Abnehmende Windgeschwindigkeiten bedeuten geringere Turbulenz und folglich eine reduzierte Durchmischung der bodennahen Luft. Mit einsetzender Abkühlung beginnen gemeinsam mit dem Kaltluftabfluss aus dem St.Immertal Hangabwinde zu wehen. Die Abkühlung kommt auf drei Arten zustande.

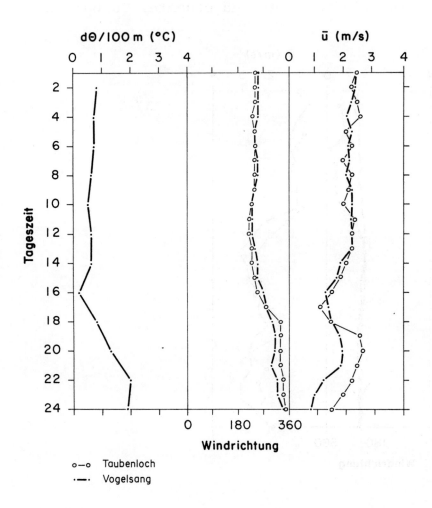

Figur 19: Strömungs-Schichtungslage 2.1.

1. Die Abkühlung erfolgt aufgrund advehierter Kaltluft. Dies dürfte vor allem in der Höhe (Jura) eine Rolle spielen. Im Mittelland kann infolge Turbulenz und Ausräumen der autochthonen Kaltluft auch eine Erwärmung einsetzen (maskierte Kaltfront; BLUETHGEN 1980: 453).

2. Durch das Aufklaren auf der Frontrückseite setzt die langwellige Ausstrahlung wirkungsvoll ein, insbesondere bei geschlossener Schneedecke.

3. Wenn bei Frontdurchgang Regen in eine vorhandene Schneedecke fällt, wird der bodennahen Luft Schmelzwärme entzogen. Eine weitere Abkühlung ist die Folge, vielfach mit mässigem bis dichtem Bodennebel.

Während den 15 Tagen, an denen Strömungs-Schichtungslage 2.1 in Erscheinung trat, zeigt sich die selbe durchschnittliche Verteilung wie während dem Sommerhalbjahr (Lage 2.3).

5.9.2 Gruppennummer 2.2 (Winter 114 / 114, 9 Tage)

Strömungs-Schichtungslage 2.2 zeigt in den ersten zwei Tagesdritteln einen identischen Verlauf zu Lage 1.2. Erneut liegen die Windgeschwindigkeiten bei VOGELSANG um durchschnittlich 0.5m/s über jenen von TAUBENLOCH. Es scheint, dass die Geschwindigkeitsdifferenz nicht zufällig ist, sondern bei verschiedenen Datenkollektiven auftreten kann. Weiter ist der für Bisenlagen typische Tagesgang der Windgeschwindigkeiten zu beobachten mit einem Maximum zwischen 14 und 15 Uhr. Parallel zur Geschwindigkeitszunahme zeichnet sich eine schwache Winddrehung nach Osten ab, die auch bei Strömungs-Schichtungslage 1.2 auftritt. Bei dieser drehen die Winde in der Nacht wieder auf Nordost, während bei Lage 2.2 um 17 Uhr das Nachtwindfeld einsetzt. Die Winddrehung ist zugleich mit einem Geschwindigkeitsminimum verbunden. Während die Hangabwinde bei VOGELSANG nur mässig ausgebildet sind, ist der Taubenlochwind in der ersten Nachthälfte gut entwickelt. Gegen Mitternacht nehmen die Windgeschwindigkeiten erneut ab. Möglicherweise hängt diese Abnahme mit einer nächtlichen Ausstrahlung zusammen, die wegen der wechselnden Bewölkung (Hochnebelfelder oder Wolken) nur gedämpft wirksam ist. Zudem erhöht die stabile Schichtung den Bremseffekt auf dem Taubenlochwind.

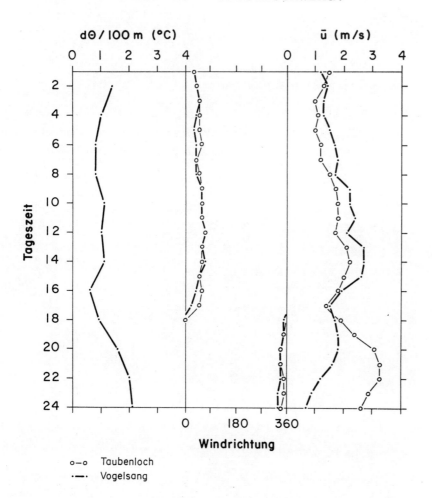

Figur 20: Strömungs-Schichtungslage 2.2.

5.9.3 Gruppennummer 2.3 (Sommer 334 / 334, 8 Tage)

Im Vergleich zu den bereits besprochenen Lagen zeigt Strömungs-Schichtungslage 2.3 die kleinsten vertikalen Temperaturgradienten bis zu Beginn der ersten Nachthälfte. Nach einem Maximum in der zweiten Nachthälfte nehmen die Windgeschwindigkeiten kontinuierlich ab. Dabei ist interessant zu beobachten, wie die Werte von TAUBENLOCH um 0.3 - 0.5m/s über jenen von VOGELSANG liegen. Möglicherweise hängt dies mit der leicht nach Südwest gedrehten Anströmrichtung bei TAUBENLOCH zusammen. Gleiches ist bei Lage 1.1 zu beobachten. Bei identischer mittlerer Windrichtung (Lage 1.2 und 1.3) sind die Geschwindigkeiten bei VOGELSANG höher. In der ersten Nachthälfte sind die Hangabwinde vor Mitternacht am kräftigsten ausgebildet und flauen anschliessend ab. Der Taubenlochwind weht mit einer konstanten Geschwindigkeit von 2.3m/s.

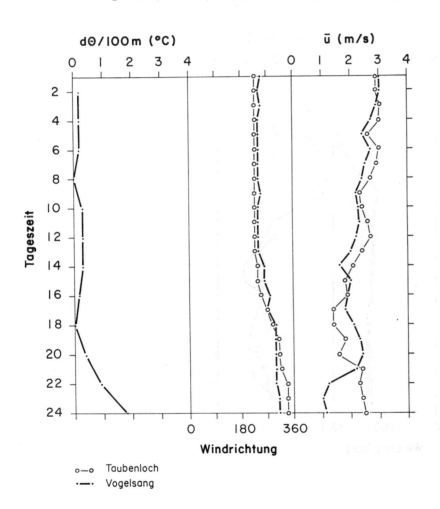

Figur 21: Strömungs-Schichtungslage 2.3.

5.10 Strömungslagen vom Schichtungstyp 3

5.10.1 Gruppennummer 3.1 (Winter 433 / 433, 10 Tage)

Die Strömungslagen der Gruppe 3 bilden das Gegenstück zu jenen der Gruppe 2. Die stabile Schichtung geht am Morgen bei Lage 3.1 mit einem gut ausgebildeten Nachtwindfeld einher. Bei VOGELSANG wehen die Hangabwinde bis in den Morgen hinein mit durchschnittlich 1m/s, während der Taubenlochwind ebenfalls über längere Zeit konstante Geschwindigkeiten von 2m/s aufweist. Die Graphik zeigt zudem, dass der Kaltluftabfluss aus dem St.Immertal rund 2 Stunden länger andauert als die Hangabwinde. Anschliessend erfolgt, verbunden mit einem Geschwindigkeitsminimum, die Winddrehung aus Südwest. Bei gleicher mittlerer Windrichtung liegen die Geschwindigkeiten bei VOGELSANG um durchschnittlich 0.5m/s über jenen von TAUBENLOCH.

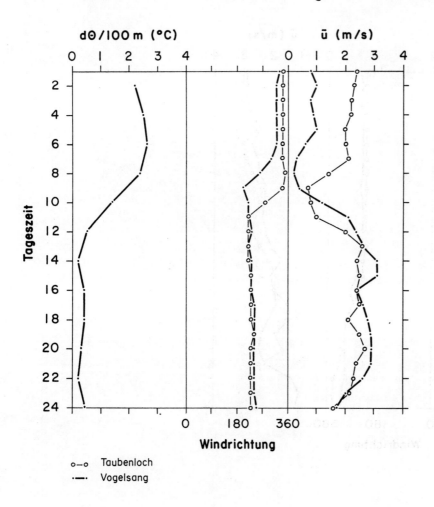

Figur 22: Strömungs-Schichtungslage 3.1.

5.10.2 Gruppennummer 3.2 (Sommer 433 / 433, 7 Tage)

Der Tagesverlauf im Sommer (Lage 3.2) unterscheidet sich von demjenigen im Winter (Lage 3.1) darin, dass der Wechsel vom Nacht- auf das Tageswindfeld über eine Zwischenrichtung am Morgen verläuft und nicht direkt erfolgt. Ueber diese kurze Zeit können Hangaufwinde einsetzen, bevor sie im weiteren Tagesverlauf durch Südwestwinde überprägt werden. Die mittlere Windrichtung von VOGELSANG und TAUBENLOCH sind identisch, was erneut dazu führt, dass die Hangstation höhere Geschwindigkeiten aufweist. Im Gegensatz zur Wintersituation scheint ein Tagesgang der Windgeschwindigkeiten vorzuliegen. Die höchsten Mittelwerte von annähernd 4m/s werden zur Zeit der stärksten Erwärmung und labilsten Schichtung erreicht.

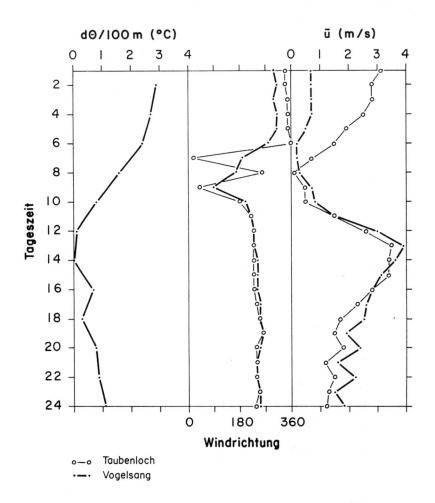

Figur 23: Strömungs-Schichtungslage 3.2.

5.10.3 Gruppennummer 3.3 (Winter 333 / 334, 7 Tage)

Diese Strömungs-Schichtungslage gleicht im Geschwindigkeitsprofil sehr stark der Lage 2.3. Erneut zeigt TAUBENLOCH eine gegenüber VOGELSANG nur leicht nach Südwest gedrehte Anströmrichtung bei gleichzeitig höheren Windgeschwindigkeiten. Am Abend setzt zwar am Taubenlochausgang eine Nordwestströmung ein, doch dürfte es sich dabei kaum um den eigentlichen Taubenlochwind handeln, da die Winde bereits um Mitternacht wieder auf West drehen und sich auch bei VOGELSANG keine Hangabwinde ausbilden. Ausser zu Beginn der zweiten Nachthälfte erreicht die Schichtung kaum isotherme Werte, sondern schwankt um den feuchtadiabatisch indifferenten Wert. Da trotz abnehmenden Windgeschwindigkeiten keine extreme Zunahme der Vertikalstabilität eintritt, lässt sich schliessen, dass der Himmel in der ersten Nachthälfte stets bedeckt war. Daraus lässt sich auch erklären, weshalb der Taubenlochwind nicht richtig in Gang kommt.

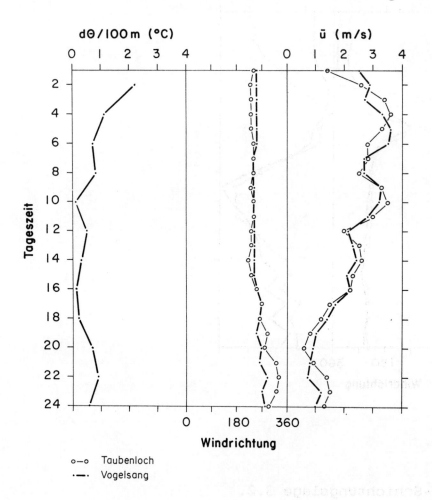

Figur 24: Strömungs-Schichtungslage 3.3.

5.11 Strömungslagen vom Schichtungstyp 4

5.11.1 Gruppennummer 4.1 (Sommer 434 / 434, 37 Tage)

Strömungs-Schichtungslage 4.1 ist die häufigste Lage überhaupt, die ausgeschieden werden konnte. Sie zeigt wie alle Lagen der Gruppe 4 einen ausgesprochenen Tagesgang der Temperaturschichtung (Nacht stabil, Tag labil bis indifferent). Direkt mit diesem Tagesgang verbunden ist die Ausbildung des lokalen Windfeldes. Am Morgen klingen die Hangabwinde gegen 5 Uhr stetig ab, während der "Taubenlöchler" bis gegen 7 Uhr andauert. Zur Zeit des Wechsels auf das Tageswindfeld herrscht im Raum Bözingen Windstille. Anschliessend setzt Südwestwind ein mit einem Geschwindigkeitsmaximum zur Zeit der stärksten Erwärmung. Bereits

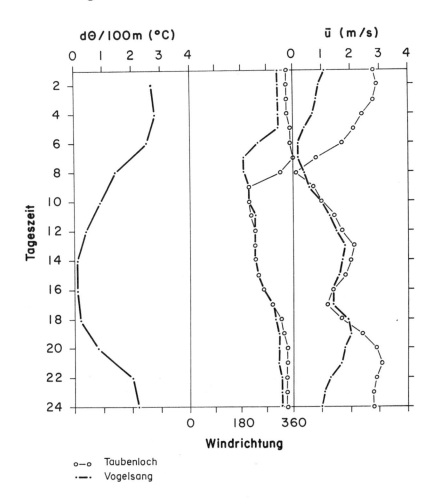

Figur 25: Strömungs-Schichtungslge 4.1.

um 17 Uhr erfolgt der Wechsel auf das Nachtwindfeld. Dabei ist interessant zu beobachten, dass die Windgeschwindigkeiten nicht auf die kleinen Werte vom Morgen zurückfallen, und die Umstellung bei annähernd neutraler Schichtung erfolgt. Das Geschwindigkeitsmaximum der Hangabwinde liegt zwischen 18 und 20 Uhr und damit 2 Stunden vor jenem des "Taubenlöchlers". Lage 4.1

zeigt zudem 2 Geschwindigkeitsmaxima beim Taubenlochwind, eines vor und eines nach Mitternacht. Diese lassen sich sehr oft beobachten, können aber nicht statistisch signifikant nachgewiesen werden. ATKINSON (1981: 247) weist auf ein Pulsieren von Kaltluftabflüssen hin. Wegen der adiabatischen Erwärmung verringert sich der Druckunterschied. Die fortschreitende Abkühlung überwiegt aber den Effekt der adiabatischen Erwärmung, was zu einem erneuten Anstieg der Windgeschwindigkeiten führt. Es scheint, dass dies beim Taubenlochwind ebenfalls beobachtet werden kann.

5.11.2 Gruppennummer 4.2 (Sommer 414 / 414, 18 Tage)

Lage 4.2 beschreibt jene Bisenfälle, bei denen tagsüber eine Strömung aus Richtung Nordost bis Ost vorherrscht, die jedoch während der Nacht durch eine Bodeninversion angehoben wird. Das lokale Nachtwindfeld ist im Vergleich zu jenem der übrigen Strömungslagen am kräftigsten ausgebildet. Dies hängt mit der Ausstrahlung zusammen, die im Sommer bei wolkenarmen Wetterlagen besonders wirksam ist. Die Taubenlochströmung erreicht bei zwei nächtlichen Maxima mittlere Windgeschwindigkeiten von bis zu 4m/s. Im Gegensatz zur Situation mit Südwestwind (Lage 4.1) dauert der Taubenlochwind am Morgen nur wenig länger an als die Hangabwinde. Am Abend hingegen erreicht er sein erstes Geschwindigkeitsmaximum mit rund 3 Stunden Verzug auf dasjenige der Hangabwinde. Der abendliche Windwechsel erfolgt wie in Lage 4.1 bei höheren Geschwindigkeiten als am Morgen.

Das Tagesfeld zeigt eine starke Ostkomponente, die höchstwahrscheinlich mit der Thermik am Jurasüdfuss zusammenhängt. Bei Bözingen scheint die Strömung durch das Relief (Jura, Büttenberg, Längholz) kanalisiert zu sein, während VOGELSANG bis gegen Mittag Ostwinde aufweist. Im Verlauf des Nachmittags erfolgt eine gleichmässige Winddrehung von Ost über Nordost auf NNW (Nachtwinde).

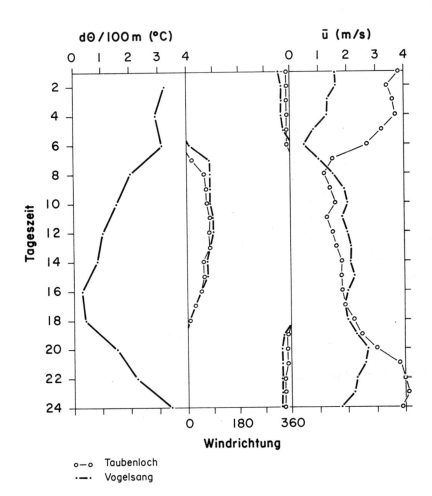

Figur 26: Strömungs-Schichtungslage 4.2.

5.11.3 Gruppennummer 4.3 (Winter 334 / 434, 16 Tage)

Strömungs-Schichtungslage 4.3 ist eine typische Winterlage mit kleinen Windgeschwindigkeiten und langandauernder stabiler Temperaturschichtung. Bei VOGELSANG sind die Hangabwinde am Abend äusserst schwach ausgebildet. Der Taubenlochwind erreicht in dieser Zeit knapp 2m/s. Am Morgen ist es sogar nur 1m/s. Im Tagesverlauf drehen die Winde auf Südwest und folgen somit der Streichrichtung des Juras. VOGELSANG und TAUBENLOCH zeigen tagsüber bei gleicher Anströmrichtung keine Geschwindigkeitsdifferenzen.

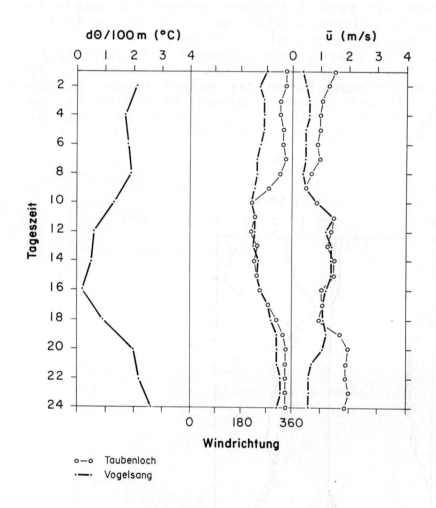

Figur 27: Strömungs-Schichtungslage 4.3.

5.11.4 Gruppennummer 4.4 (Winter 434 / 434, 11 Tage)

Im Winter tritt diese Strömung rund 6 mal seltener auf als im Sommer. Der Tagesverlauf von Windrichtung und -geschwindigkeit ist jedoch in beiden Jahreszeiten gleich. Ausgeprägter noch als im Sommer, zeigt der Taubenlochwind zwei Geschwindigkeitsmaxima, je eines in der ersten und eines in der zweiten Nachthälfte. Die Hangabwinde bei VOGELSANG sind am Abend sehr schwach ausgebildet. Ein mit der Sommersituation vergleichbares Geschwindigkeitsminimum fehlt. Die Temperaturschichtung unterschreitet nur zwischen 12 und 17 Uhr den isothermen Wert. Ansonsten verbleibt der Gradient im stark positiven Bereich.

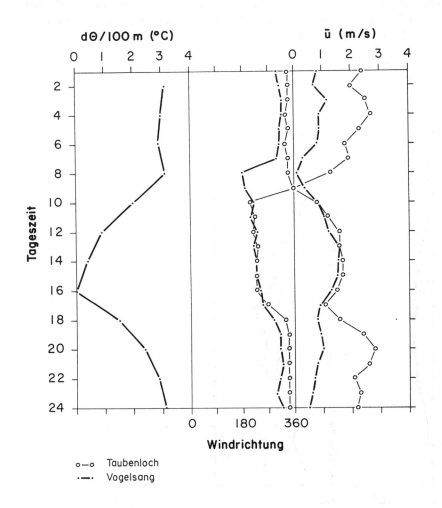

Figur 28: Strömungs-Schichtungslage 4.4.

5.11.5 Gruppennummer 4.5 (Winter 111 / 414, 7 Tage)

Am Jurahang und über der Stadt kennzeichnet eine gleichmässige, über den ganzen Tag verteilte Winddrehung von Nord über ENE nach Nord die Strömungs-Schichtungslage 4.5. Ueber Bözingen vollzieht sich diese Winddrehung wegen dem Wechsel zwischen Tages- und Nachtwindfeld in der Zeit zwischen 10 und 18 Uhr. Vorgängig und nachfolgend weht der Taubenlochwind mit mittleren Geschwindigkeiten von 2-3m/s. Damit ist für die Durchlüftung des nordöstlichen Stadtgebietes das nächtliche Windfeld von grösserer Bedeutung als dasjenige des Tages. Umgekehrtes gilt für das zentrale Stadtgebiet. Hier schwanken die Windgeschwindigkeiten in der Nacht um 1m/s oder liegen noch darunter. Tagsüber ist eine deutliche Geschwindigkeitszunahme zu beobachten, so wie sie typisch ist für Bisenlagen.

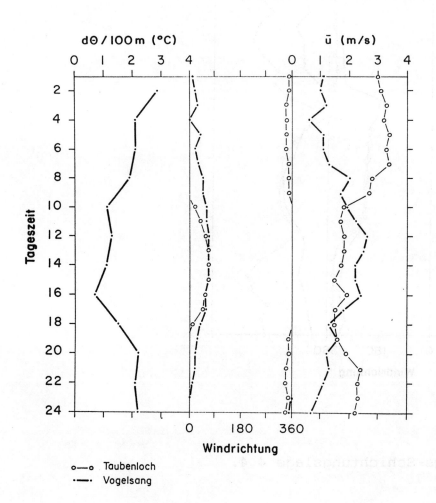

Figur 29: Strömungs-Schichtungslage 4.5.

5.11.6 Gruppennummer 4.6 (Sommer 114 / 114, 6 Tage)

Strömungs-Schichtungslage 4.6 ist ihrem winterlichen Gegenstück (Lage 2.2) sehr ähnlich. Die Verteilung der Windrichtungen ist sogar identisch. Hingegen zeigen sich im Tagesgang der Windgeschwindigkeiten Unterschiede. Während im Winter eine kontinuierliche Geschwindigkeitszunahme bis um 13 Uhr beobachtet wird, ist das Maximum im Sommer bereits um 10 Uhr erreicht. Anschliessend erfolgt ein langsamer Rückgang bis zum Windwechsel am Abend. Hier werden die Geschwindigkeitsmaxima von Hangabwind und "Taubenlöchler" beinahe zeitgleich erreicht. Der positive Temperaturgradient nimmt stärker zu als im Winter.

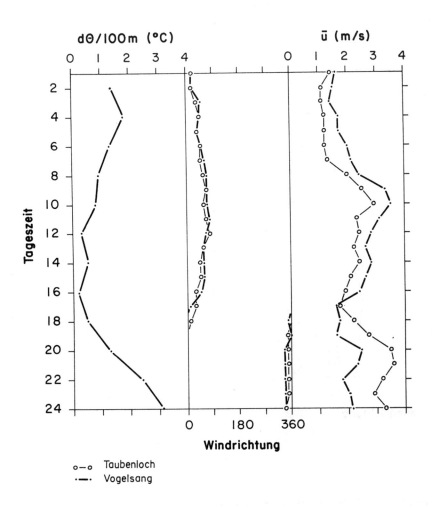

Figur 30: Strömungs-Schichtungslage 4.6.

5.11.7 Gruppennummer 4.7 (Winter 333 / 434, 6 Tage)

Diese Lage zeichnet sich ganztags durch stabile Temperaturschichtung aus. Bei VOGELSANG herrscht die ganze Zeit über eine Weststömung mit einem deutlichen Tagesgang bei den Windgeschwindigkeiten. Auch TAUBENLOCH zeigt den gleichen Tagesgang, allerdings mit kleineren Geschwindigkeiten. Während den beiden Nachthälften weht nur ein schwacher Taubenlochwind, der in Bözingen keine bessere Durchlüftung bewirkt als sie über der Stadt zu beobachten ist.

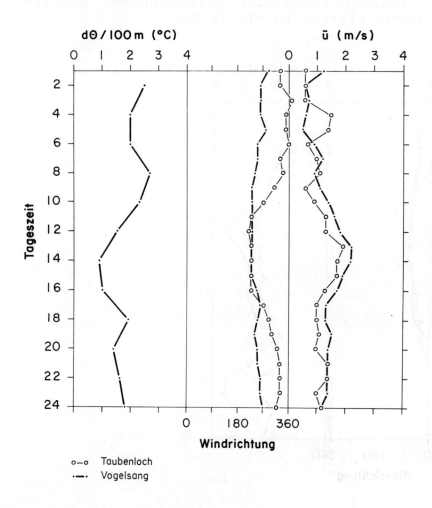

Figur 31: Strömungs-Schichtungslage 4.7.

5.11.8 Gruppennummer 4.8 (Sommer 444 / 444, 6 Tage)

Strömungs-Schichtungslage 4.8 kann als Nordwestlage bezeichnet werden. Nach anfänglich stabiler Temperaturschichtung werden tagsüber Gradienten erreicht, die kleiner sind als der isotherme Wert. Die Windgeschwindigkeiten zeigen ein Maximum in der zweiten Nachthälfte und zu Beginn der darauffolgenden ersten Nachthälfte. In den Morgenstunden werden die kleinsten Werte erreicht. Sie liegen zwischen 0 und 1m/s.

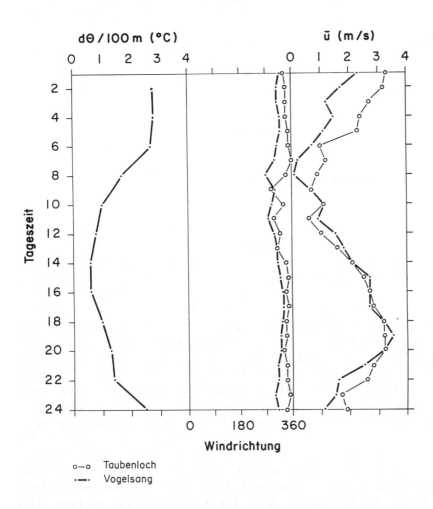

Figur 32: Strömungs-Schichtungslage 4.8.

6. VERSUCHE AUF DEM PHYSIKALISCHEN MODELL IM MASSSTAB 1/25'000

6.1 Modellierung im Massstab 1/25'000 - Zielsetzung

Das klimatologische Messnetz ist Lage im Gelände vollständig auf die Erfassung des bodennahen Temperatur- und Stromfeldes bezogen. Die Messwerte geben deshalb nur näherungsweise Auskunft über dreidimensionale Phänomene in der Grundschicht. Beispielsweise können Beginn und Ende des Taubenlochwindes, seine Richtung und Stärke registriert werden, doch wie mächtig ist diese Strömung überhaupt? Wie sieht die Temperaturverteilung in ihr aus? In welcher Höhe überquert sie die Stadt und die angrenzende Agglomeration? In welcher Entfernung vom Jurasüdfuss geht sie vollständig in die Mittellandströmung über? Diese und weitere Fragen, in denen die dritte Dimension von zentraler Bedeutung ist, können mit einem festen Stationsnetz allein nicht mehr beantwortet werden. Man benötigt dazu Sondierdaten. Zusätzlichen Einblick in das dreidimensionale Strömungsgeschehen in einer zeitlich sehr gerafften Form geben aber auch Durchläufe auf physikalischen Modellen. Ein entsprechendes Modell im Massstab 1/25'000 wurde an der ETH Lausanne durch die Arbeitsgruppe von J.-A. Hertig gebaut und für die Situation lokaler Strömungen in Abhängigkeit von der Wetterlage über der Schweiz eingesetzt. Ziel dieser Simulationen war es, Einsicht in die räumliche Erstreckung lokaler Strömungen (Hangabwinde, Kaltluftabfluss am Taubenlochausgang) zu erhalten, den Einfluss des städtischen Wärmeinseleffektes auf die Strömung in der Grundschicht zu untersuchen und vor allem Räume abzugrenzen, die häufig stagnierende Luftmassen aufweisen. In Anlehnung an die am häufigsten auftretenden Strömungen über dem Jurakamm wurden West-, Bisen- und Hochdrucklagen simuliert. Variationen wurden eingebaut bei der Vertikalstabilität der Modellatmosphäre und bei den horizontalen Windgeschwinigkeiten. Die Modelldurchläufe, in die Daten aus dem Messnetz und von Sondierungen eingespiesen wurden, dienten nicht nur der Beantwortung der oben gestellten Fragen, sondern zeigten zudem, wo bei weiteren Feldexperimenten gezielt gemessen werden muss. Das Modell liefert also zusätzlich Ideen, die nicht direkt aus der Analyse von Felddaten stammen, bei der Planung von Messkampagnen aber von entscheidender Bedeutung sind. Als Beispiel dazu seien die Feldeinsätze im September 1985 erwähnt, die zur Verifikation von Modellbeobachtungen in der Natur dienten und durch ihre Konzeption Daten lieferten, wie sie während vorangehenden Messkampagnen nicht erfasst wurden.

6.2 Simulationstechnik

Die angewandte Simulationstechnik wurde am LASEN (früher IENER - Institut d'économie et aménagéments énergétiques) in Lausanne entwickelt: Sie nutzt die Wirkung der Gravitation auf die Luftmassen über geneigtem Untergrund. So wie in der Natur Strömungen aufgrund von Dichteunterschieden zustande kommen, so werden auch im Modell durch Abkühlen oder Erwärmen der oberflächennahen Luft Strömungen erzeugt und deren Verhalten in komplexer Topographie simuliert. Damit ist auch gesagt, dass vor allem

Hang-, Berg- und Talwinde modelliert werden können, während Phänomene wie der Föhn in ihrer Gesamtheit zu komplex sind, um mit der vorhandenen Modelltechnik behandelt zu werden.

Bei den Modellversuchen Biel arbeitete man mit einem Topographieausschnitt, der näherungsweise durch die Geländepunkte Bern - Chasseral - Besançon - Belfort - Basel - Koblenz - Zürich - Sursee - Bern begrenzt war. Eine bestmögliche Erfassung der simulierten Strömung wurde dadurch gewährleistet, dass diese nicht erst am Stadtrand von Biel erzeugt wurde, sondern bereits mit ihrer durch Schichtung und Topographie bedingten Vorgeschichte im Raum Biel anlangte.

In Figur 33 ist ein Schnitt durch die kreisförmige Modell-Anlage am LASEN dargestellt. Gleiche Modelle wurden bereits früher für ähnliche Fragestellungen eingesetzt. Das Relief war auf einer mit Ventilatoren ausgerüsteten Wanne montiert, in die Flüssigstickstoff zur Abkühlung der Modelloberfläche eingefüllt wurde. Wanne und Relief ruhten auf einem Leichtmetallgestell. Um und über diesem Gestell war ein Rahmen aufgebaut, der einen Laufsteg für den Zugang zum Modell von oben und ein ringförmiges Konditionierungssystem zum Generieren der synoptischen Strömung trug. Dieses bestand aus Ventilatoren, Heizungs- und Kühlelementen und gewährleistete durch seine Drehbarkeit jede gewünschte Anströmrichtung auf die Modelltopographie.

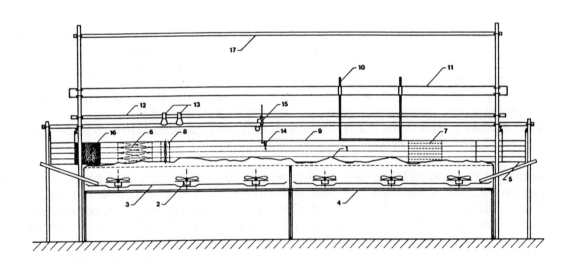

1 Modell aus Alu-Folie	7 Kühlungselemente	13 Infrarotlampen
2 Ventilatoren des Kühlungssystems	8 Ventilatoren für Höhenwinde	14 Sonde
3 Flüssigstickstoff-Behälter	9 durchsichtige Mylar-Folie	15 Sondenträger
4 Modellträger	10 Passerelle	16 poröse Luftfilter
5 Drehendes Konditionierungssystem des Höhenwindes	11 Rahmenträger der Passerelle	17 Metallkonstruktion
6 Heizungselemente (2 kW/Lage)	12 Lampenträger	

Figur 33: Schnitt durch die kreisförmige Modell-Anlage des LASEN zur Simulation von kata- und anabatischen Strömungen.

Damit der "warme" Höhenwind nicht gleich aus der Versuchsanordnung entwich, war diese mit einer Mylarfolie überspannt, welche die Höhenströmung gleichmässig über die Topographie leitete. Effekte wie erwärmte (besonnte) Hänge oder Wärmeinsel über der Stadt wurden mittels Infrarotlampen erzeugt, welche die Modelloberfläche lokal/regional von oben erwärmten. Die Temperatur- und Windverhältnisse über der Modelloberfläche (Boden) und im vertikalen Profil wurden mittels Mikrosonden erfasst und die gewonnenen Daten an den Computer weitergeleitet. Zur Sichtbarmachung der Strömung diente eine Rauchanlage, in der der Rauch verbrannter Zigaretten durch ein verzweigtes Leitungssystem an die im laufenden Versuch interessierenden Stellen geführt wurde. Der erfolgreiche Durchlauf eines Versuchs war aber entscheidend abhängig von den Kenntnissen und dem Improvisationsvermögen des Modellisten. Ohne die Erfahrung, den Einsatz und das Können von Paul Liska wären die Modellversuche Biel unmöglich gewesen. So basieren die aus den Beobachtungen abgeleiteten Erkenntnisse sowohl auf physikalischen Gesetzmässigkeiten, als auch auf vollendeter Handfertigkeit des Modellisten.

6.3 Aehnlichkeitskriterien und Massstabsverzerrung

Damit die Modell-Resultate auf die Bedingungen in der Natur übertragen werden können, müssen die geometrischen und physikalischen Aehnlichkeiten gewährleistet sein. Letztere bedeuten, dass die Verhältnisse der untereinander herrschenden Kräfte und Energien im Modell die selben sind wie in der Natur. Diese Voraussetzung gilt für die Verhältnisse zwischen potentieller und kinetischer Energie (Froude-Zahl) und für diejenigen zwischen kinetischer und Reibungsenergie (Reynolds-Zahl). Zwischen Impuls und Wärmeausbreitung sind die Verhältnisse in erster Näherung gleich (Prandtl-Zahl). Dichteunterschiede in der Luft über dem Modell entsprechen deshalb in der Natur den Differenzen der virtuellen Temperatur.

Nebst den modellierten Phänomenen verbleiben solche, welche aus technischen Gründen vernachlässigt werden müssen. Dazu gehören die Simulation der Coriolisbeschleunigung, kleinmassstäbige Turbulenzphänomene, sowie die Wasserdampf-Phasenänderung (zB. klassische Föhneffekte). Weiter ist zu beachten, dass bei einem Modellmassstab von 1/25'000 ohne Geländeüberhöhung ein Impulsaustausch K_m von ungefähr 54m2/s resultieren würde. Der typische nächtliche Wert in der Natur ist aber um den Faktor 20 kleiner. Als Folge davon wäre die Schichtdicke abfliessender Kaltluft im Modell rund 2.5-fach zu mächtig. Diesem Effekt wird mit einer entsprechenden Ueberhöhung der Topographie begegnet, was eine horizontale Verzerrung von Strömungsphänomenen wie Rotoren oder Calmenzonen im Lee von Hügeln zur Folge hat. Bei der Interpretation von Beobachtungen auf dem Modell ist deshalb den beschriebenen Faktoren sowie den nachfolgend aufgeführten Massstabsverhältnissen gebührend Rechnung zu tragen.

```
d(Temperatur Natur) / d(Temperatur Modell)   =   1 / 1
Geschwindigkeit Natur / Geschwindigkeit Modell = 100 / 1
Zeit Natur / Zeit Modell                     = 250 / 1
```

6.4 Modellierte Wetterlagen

Da Biel am Jurasüdfuss liegt, wurde bei den Modelldurchläufen vor allem der Einfluss der Topographie auf die bodennahe Strömung aus Südwest und Nordwest untersucht. Von einfachen Anfangsbedingungen mit neutraler Schichtung schritt man sukzessive zu schwierigeren Bedingungen mit Bodeninversionen und Kaltluftabfluss aus den Alpen. Bei der Simulation von Hochdrucklagen konnten zur Eichung der Modellbedingungen Sondierdaten aus verschiedenen Messkampagnen einbezogen werden. Bei den letzten Durchläufen wurden die Verhältnisse bei Bise untersucht. Die einzelnen Versuche sind in HERTIG et al. (1984) detailliert beschrieben. Die wichtigsten Resultate aus dieser Arbeit werden nachfolgend zusammengefasst, weil einzelne davon für die Planung weiterer Feldmessungen bedeutungsvoll waren.

6.4.1 Westlage mit Nordwestströmung über dem Jura

Auf dem Modell bildeten sich bei Nordwestwinden von umgerechnet 15m/s in 2000 Metern Höhe und einer Standardschichtung von $d\theta$ = +0.3K/100m dem gesamten Jurasüdfuss entlang Rotoren aus. Diese wurden auch in den grösseren Juratälern beobachtet. Die Luft

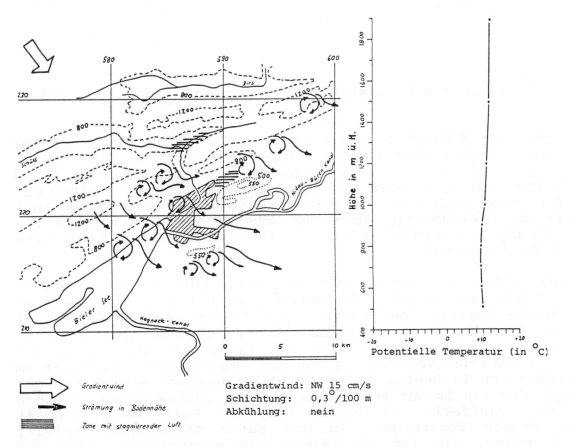

Figur 34: Stromfeld in der Region Biel bei Nordwestwinden über dem Jura unter Bedingungen der Standardatmopshäre.

wurde spiralförmig um die Rotorachse gedreht, wobei die Gegenströmung auf die Unterseite des Rotors zu liegen kam. Im stadtnahen Teil des Bözingenmooses stagnierte die Luft möglicherweise wegen gegenseitiger Beeinflussung von Rotor und kanalisierter Strömung aus dem Taubenloch. Wurde die Modelloberfläche abgekühlt, so stagnierte die Luft am Hangfuss, und im Bözingenmoos bildete sich eine schwache Nordostströmung aus. Bei der Dietschimatt strömte die Luft ungehindert durch.
Es scheint, dass während der Messkampagne vom 14./15. Dezember 1982 eine entsprechende Situation erfasst wurde. Am Nachmittag des 14.12.82 zeichnet sich in den Profilen der Windgeschwindigkeiten zwischen 700 und 800 m ü.M. eine Zäsur ab, welche möglicherweise durch den Geländerücken von Evilard erzeugt oder in Zusammenhang mit diesem den Einflussbereich des Rotors markiert. Dabei ist erkennbar, wie oberhalb von 700 m ü.M. eine relativ einheitliche Windrichtung vorherrscht, während darunter deutliche Richtungsänderungen vorkommen.

Interessant ist auch, dass sich über dem Bözingenmoos eine seichte Kaltluftzunge ausbildet, die gegen Mitternacht westwärts in den Stadtkörper vorstösst und die Taubenlochströmung leicht anhebt, wie dies auch im Modell beobachtet worden war. Auffrischende Südwestwinde lösen diese Kaltluft infolge der mechanischen Turbulenz während der zweiten Nachthälfte auf und erzeugen gegen Morgen ein Windprofil mit einheitlicher Strömungsrichtung. Das Fallbeispiel dieser Messkampagne zeigt auch, dass sich Modelldurchläufe immer nur auf einen sehr kurzen Abschnitt des Tagesgangs von Wind- und Temperaturfeld beziehen. Die zeitliche Skala deckt maximal einige Stunden ab.

6.4.2 Westlage mit Südwestströmung über Jura und Mittelland

Bei neutraler Schichtung entstanden im Lee der Jurahöhen Rotoren, deren Gegenströmung auf die Rotorunterseite zu liegen kam. Dabei bildeten sich in den Hangfusslagen entlang des Juras und der Mittellandhügel Zonen mit stagnierender Luft aus. Diese Gebiete wuchsen nach einer weiteren Abkühlung der bodennahen Luft sofort an. Gleichzeitig wurde der Höhenwind aus SW von der Bodenströmung entkoppelt. Dabei konnte eine wichtige Entdeckung verzeichnet werden.

Auf dem Modell verzweigte sich der Bergwind des St. Immertals auf der Höhe von Sonceboz in zwei Aeste. Der eine reichte über die Pierre Pertuis ins Birstal, der andere ins Becken von La Heutte. Beim Engnis von Péry/Reuchenette strömte die Luft nach Frinvillier und von dort durch das Taubenloch ins Mittelland aus. Frischte der Westwind jedoch auf, so wurde die Kaltluft im Talbecken von La Heutte gegen den Geländerücken von Plagne gedrängt, den sie in der Folge überströmte. Schliesslich gelangte sie über Vauffelin und Romont (BE) ins Mittelland. Wieweit diese dritte Verzweigung in der Natur tatsächlich spielt, bleibt offen. Sie ist allerdings gut vorstellbar, denn die Richtungsänderung bei Reuchenette beträgt 90° und geschieht sehr abrupt. Infolge Massenträgheit der Strömung wird immer ein Teil der Kaltluft weiter ostwärts fliessen und an den Nordhang bei Reuchenette "anbranden". Wird dieses Auflaufen noch durch Westwind verstärkt, könnte es auch in der Natur ohne weiteres zum Ueberströmen des erwähnten Rückens kommen. Zudem ist darauf hinzuweisen, dass es sich bei der fraglichen Luft nicht mehr um die extrem kalte Luft des Talbodens handelt, sondern um jene im Kern des Talquerschnitts. Die Beobachtungen auf dem Modell hatten die Messkampagne im September 1985 zur Folge, bei der das Ueberströmen der Pierre Pertuis nachgewiesen werden konnte, die Verhältnisse bei Plagne aber noch offen blieben.

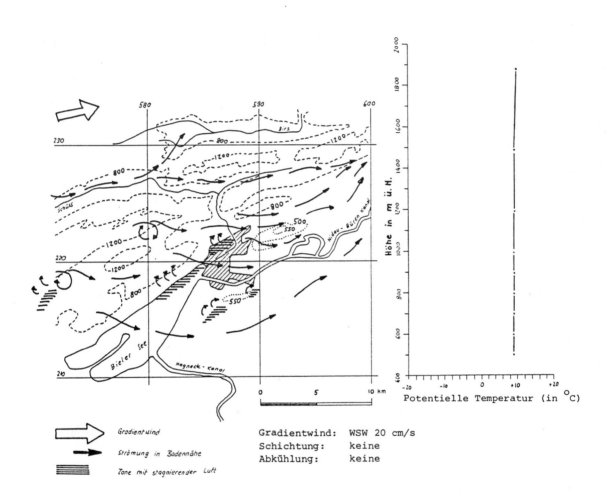

Figur 35: Stromfeld in der Region Biel bei Südwestwinden über dem Jura und neutraler Schichtung.

6.4.3 Biselagen

Mit Ausnahme der Dietschimatt, wo zeitweise Calmen auftraten, wurde die Region Biel bei Bise gut durchlüftet. Dies galt vor allem für den Fall mit mittleren Windgeschwindigkeiten und damit verbunden neutraler bis stabiler Schichtung. Sobald sich diese durch weitere Abkühlung verstärkte, schichtete sich der Taubenlochwind unter der Bisenströmung im Mittelland ein. Stärkere Nordostströmung lenkte ihn gegen die Stadt hin um, so dass er quer über Güterbahnhof und Längholz wehte. Die Feldmessungen im September 1985 belegten diese Umbiegung und zeigten zugleich ein Aufgleiten des "Taubenlöchlers" auf die seeländische Kaltluft. Das auf dem Modell beobachtete Wechselspiel zwischen Ueberströmen der Bise und Umlenkung mit gleichzeitigem Anheben ist primär von Temperaturschichtung und Windgeschwindigkeit abhängig und dürfte aufgrund der Feldbefunde auch einem jahreszeitlichen Wechsel unterliegen. Es scheint, dass die Einschichtung unter die Bise hauptsächlich während dem Winterhalbjahr geschieht, wenn über dem Mittelland eine Hochnebelschicht liegt, welche die Ausstrahlung reduziert, während diese im St.Immertal bei fehlendem Nebel zu ihrer vollen Ausbildung gelangt. Ein Anheben und Ueberströmen der Stadt dürfte während Frühling und Sommer geschehen, wenn in der zweiten Nachthälfte die Luft im Kern des St.Immertal-Querschnitts wärmer ist als die Bodenschicht über dem Seeland.

6.4.4 Hochdrucklagen

Bei der Modellierung der Hochdrucklagen wurden Fälle mit und ohne Höhenströmung durchgespielt. Dabei gelangte das lokale Strömungsfeld mit Hangwinden und dem Drainage Flow aus dem St.Immertal zu seiner vollen Ausprägung. Aufgrund der Winddaten am Taubenlochausgang und bei Vogelsang wurde die Hypothese aufgestellt, dass die nächtliche Strömung bei Vogelsang einerseits aus den Hangabwinden besteht und andererseits auch durch überfliessende Luft aus dem Becken von Orvin gespiesen wird. Bei verschiedenen Versuchen konnte beobachtet werden, dass die Bergwinde im Becken von Orvin zunächst in Richtung Frinvillier wehten und dort in die Taubenlochschlucht einmündeten. Es wurde aber auch ein Auffüllen des Beckens beobachtet mit einem Ueberfliessen der Luft an der niedrigsten Stelle des Geländerückens von Magglingen. Diese überfliessende Luft äusserte sich bei Vogelsang natürlich in Form von Hangabwinden.

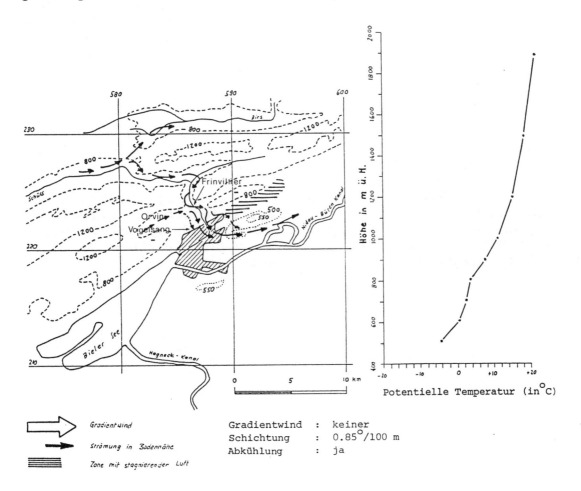

Figur 36: Stromfeld in der Region Biel bei winterlicher Hochdrucklage.

Obschon die aufgestellte Hypothese in den Modellversuchen bestätigt wurde, liegt kein eindeutiger Beleg aus Feldmessungen vor. Aufgrund der Beobachtungen im September 1985 bei Sonceboz, im Becken von La Heutte und bei Frinvillier wäre auch denkbar, dass in der zweiten Nachthälfte extrem kalte und entsprechend viskose Luft bei Frinvillier stagniert und durch ihre obere Begrenzung zu einem "neuen Talboden" für die Hangabwinde der umliegenden Kreten wird. Die an den Hängen des Chasseral und Mont Sujet beschleunigte Luft glitte gemäss Hypothese über ein Kissen viskoser Luft und schwappte bei Evilard ins Mittelland über. In Analogie zu den Erkenntnissen über die Dynamik der Taubenlochströmung scheint die zuletzt genannte Idee am wahrscheinlichsten. Nur ist auch sie nicht durch Felddaten belegt.

In den Niederungen des Seelandes und im Bözingenmoos stagnierte die Luft bei allen Versuchen und markierte dadurch eine Bodeninversion. Die vor allem im Sommer auftretenden grossen nächtlichen Temperaturdifferenzen zwischen der Stadt und dem Umland wurden als Wärmeinsel simuliert, welche Luft aus dem Raum Bözingen und Champagne ansog und in die Höhe wegführte. Aufgrund von einfachen Abschätzungen (GASSMANN 1983: 114) scheint die Wärmeinsel aber nie jene vertikale Ausdehnung zu erreichen, wie sie in den Versuchen erzielt wurde. Deshalb sind auch ihre Auswirkungen auf die stadtnahen Zonen vorsichtig zu interpretieren.

Mit und ohne südwestliche Höhenströmung teilte sich der Kaltluftabfluss im St.Immertal bei Sonceboz in einen Teil, der über die Pierre Pertuis ins Birstal floss und einen solchen, welcher weiter dem Lauf der Schüss folgte. Der "Taubenlöchler" strömte immer durch die Senke der Dietschimatt und bog anschliessend bei Orpund nach Nordosten um. Dies dürfte jedoch ein Effekt der horizontalen Verzerrung infolge Geländeüberhöhung sein. Gemäss Messstelle DIETSCHIMATT verringerte sich der Einfluss des Taubenlochwindes gegen Morgen in Bodennähe.

7. FELDEXPERIMENTE

7.1 Hinweis zu den Feldexperimenten

Mit meteorologischen Daten aus einem dichten Stationsnetz lässt sich viel zum Klima eines definierten Raumes ableiten, doch fehlt der Bezug zur dritten Dimension fast vollständig. Diesem Mangel wurde mit der Durchführung mehrerer Feldexperimente begegnet, die in RICKLI (1982) und RICKLI und WANNER (1983) ausführlich beschrieben sind. In diesem Kapitel wird auf Wiederholungen verzichtet und ein Schwergewicht auf die Resultate gelegt, die das bestehende Wissen aus den Auswertungen der Stationsdaten und den Versuchen auf dem physikalischen Modell ergänzen oder erweitern.

7.2 Messkampagne vom 14./15. Dezember 1982

7.2.1 Wetterlage

Mitteleuropa wurde zwischen dem 11. und 13. Dezember von maritimer Polarluft überflutet und geriet am 14. Dezember in den Bereich eines divergenten Höhendruckfeldes. In der Folge baute sich am Boden ein Zwischenhoch auf, das durch Subsidenz noch verstärkt wurde. In der Nacht auf den 14. Dezember fielen kaum mehr Niederschläge. Bei mittlerer Bewölkung herrschten in Bodennähe schwache Winde, die erst in der Nacht auf den 15. Dezember auffrischten. Um 04.30 Uhr wurde die Stadt Biel von einer Böenlinie überquert, welche zu der über Frankreich liegenden Warmfront eines Sturmtiefs gehörte. Das rasche Vorankommen dieser Front führte zu auffrischenden Westwinden, die in der Folge keine weiteren Fesselballonaufstiege mehr erlaubten. Die letzten Messfahrten wurden am 15. Dezember um 14 Uhr durchgeführt. Anschliessend setzte Regen ein, und die Messkampagne wurde abgebrochen.

7.2.2 Sondierungen im Zentrum von Biel

Am Nachmittag zeigten die Profile der potentiellen Temperatur eine neutrale Schichtung innerhalb der ersten 200m über Grund. Darüber wurde sie durch einen Gradienten dθ/100m von durchschnittlich +0.5°K abgelöst. Im Verlauf der ersten Nachthälfte bildete sich kurz vor Mitternacht eine seichte Inversion aus. Allerdings erreichte diese nicht dieselbe vertikale Mächtigkeit wie jene über Bözingen, wofür wahrscheinlich die Wärmeabgabe der Stadt verantwortlich war. Oberhalb der Inversion verlief die Schichtung annähernd gleich, wie während dem Tag, was aufgrund der Turbulenz und der entsprechend ausreichenden Durchmischung verständlich ist. Zu Beginn des Nachmittags zeigte sich auf etwa 800 m ü.M. eine Winddrehung von Südwest auf Nordwest. Weil dies knapp oberhalb Evilard geschah, wird vermutet, dass der Geländerücken von Magglingen die Scherung induzierte. Die Höhenströmung überquerte den Jura rechtwinklig und traf über Biel auf Südwestwinde, die in Streichrichtung des Mittellands kanalisiert waren. Am Abend stellte sich dann eine Südwestströmung ein, die sich über alle gemessenen Höhenbereiche erstreckte.

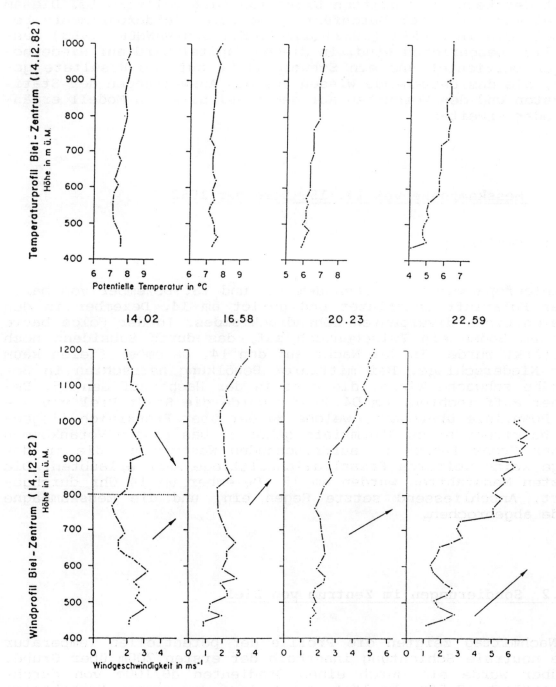

Figur 37: Wind- und Temperaturprofile im Zentrum von Biel (14.12.1982).

7.2.3 Sondierungen in Biel-Bözingen

Die Sondierungen in Bözingen zeigen in 21 Zeitschnitten den Strömungsverlauf über dem Nordostteil Biel während der oben beschriebenen Westlage. Im Verlauf der Messperiode drehten die Höhenwinde von Nordwest auf Südwest und griffen in der zweiten Nachthälfte bis ins Bodenniveau durch. Bei der ersten Sondierung zeigte sich über Bözingen eine gleiche Windscherung wie über der Stadt. Allerdings lag die Scherungszone rund 100 Meter tiefer, was ein weiterer Hinweis ist, dass der Geländerücken von Magglingen als Richtungsscheide wirkte. Dieser Reliefeinfluss zeichnete sich bis kurz vor Mitternacht in gleichbleibender Höhenlage ab. Während der Sondierung von 17.05 Uhr begann die Windrichtung unterhalb von 700 m ü.M. variabel zu werden. Unklar ist, ob dies mit dem nachfolgenden Richtungswechsel zusammenhängt, oder ob das Profil den Schnitt durch einen Leerotor zeigt. Dieser trat bei gleicher Temperaturschichtung im Modellversuch regelmässig auf HERTIG et al. (1984: 15). Trotz mässigem Südwestwind und einer mittleren Gesamtbedeckung von 5/8 vermochte sich im St.Immertal ein Bergwind auszubilden, der bei Bözingen ab 20 Uhr bis ins Bodenniveau durchgriff. Mittlerweilen begann die Temperaturschichtung in den ersten 200 Metern über Grund stabil zu werden. Ab 22 Uhr klarte es auf, und bis nach 03 Uhr des folgenden Morgens betrug die Gesamtbedeckung nur mehr 2/8. Die Konsequenz davon war eine sehr stabile Temperaturschichtung in Bodennähe. Gleichzeitig reduzierte sich die vertikale Mächtigkeit des Taubenlochwinds von ursprünglich mehr als 200 Metern (20 Uhr) auf knappe 100 Meter (23 Uhr).

Dabei entsprach die mittlere Windrichtung nicht der typischen Taubenlochströmung, die normalerweise aus Richtung 330 - 360 Grad über Bözingen weht. Wegen den starken Südwestwinden erfolgte eine Umlenkung des Taubenlochwinds beim Austritt ins Mittelland, so dass der resultierende Windvektor eine Richtung von 310 - 330 Grad erhielt. Die Taubenlochströmung erlosch um Mitternacht vollends. Dafür dürften auffrischende Südwestwinde und zunehmende Bewölkung verantwortlich gewesen sein. Diese überzog das Mittelland zwischen 02.30 und 03.30 Uhr.

Zwischen Mitternacht und 03 Uhr baute sich im Bözingenmoos eine Kaltluftmasse auf, die surgeartig Richtung Bözingen strömte, obwohl darüber Südwestwinde herrschten. Die Vermutung scheint bestätigt, dass die grosse Häufigkeit von Nordostströmungen im Bözingenmoos nicht mit Bisensituationen allein erklärt werden kann, sondern lokale Effekte ebenfalls berücksichtigt werden müssen.

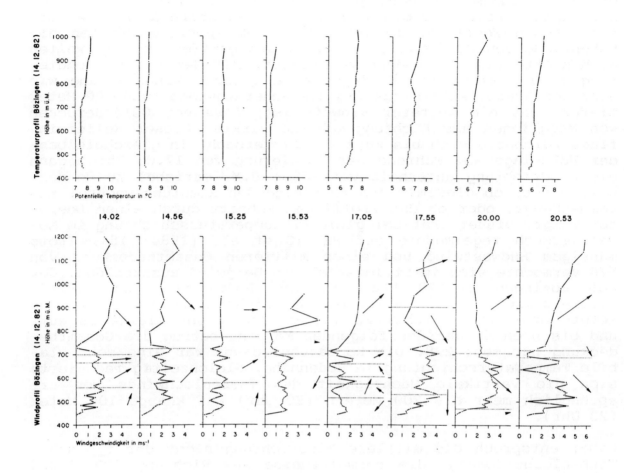

Figur 38: Wind- und Temperaturprofile in Bözingen (14.12.1982, 14.02-20.53 Uhr).

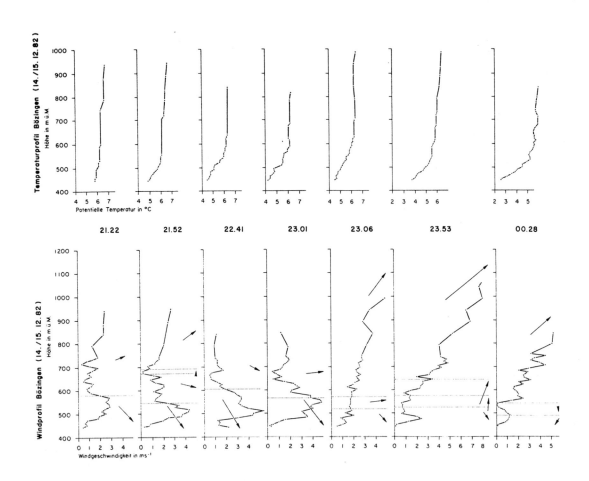

Figur 39: Wind- und Temperaturprofile in Bözingen (14./15.12.1982, 21.22-00.28 Uhr).

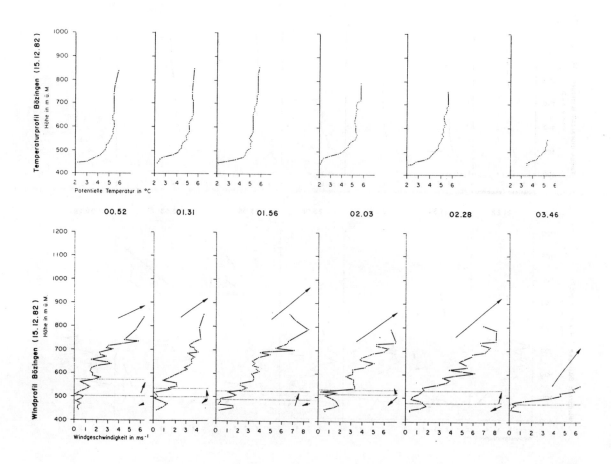

Figur 40: Wind- und Temperaturpofile in Bözingen (15.12.1982, 00.52-03.46 Uhr).

7.2.4 Horizontale Temperaturprofile durch die Stadt Biel

In Figur 41 ist das Streckenprofil der Messfahrten dargestellt. Ziel dieser Fahrten war es, Temperaturdifferenzen zwischen Stadt und Umland festzuhalten und mögliche Unterschiede innerhalb des Stadtgebietes (z.B. Wärmeinsel) darzustellen (OKE 1979: 42). Die Messstrecke begann im Landwirtschaftsgebiet nordöstlich der Stadt, führte durch den Deltabereich des Taubenlochwindes, querte die Innenstadt (Neumarkt) und endete im Südwesten am See.

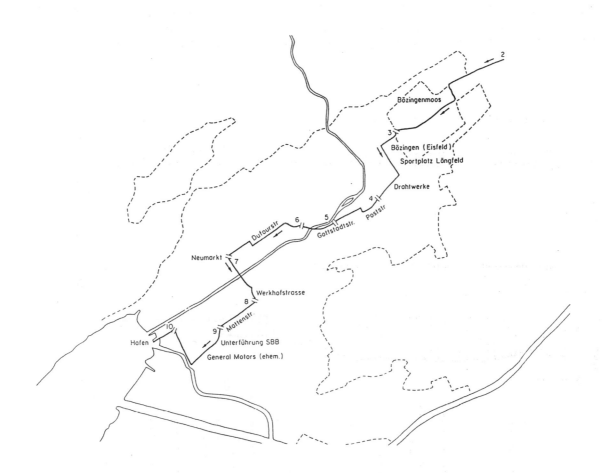

Figur 41: Temperaturmessfahrten Dezember 1982: West-Ost Profil durch die Stadt Biel.

Die Ortsbezeichnungen in Figur 41 wurden in den Profildarstellungen übernommen (Figuren 42-44). In diesen Graphiken sind immer zwei aufeinanderfolgende Messfahrten gemeinsam dargestellt. So wird ersichtlich, wo Temperaturänderungen auftraten. Zur Darstellung gelangten die Luft- und Taupunkttemperatur. Letztere ist wegen ebenem Gelände ein direkter Hinweis auf den absoluten Feuchtegehalt der Luft. Die Darstellung der Taupunkttemperatur ermöglichte es, Feuchtezufuhr und -entzug darzustellen. Zwischen 14.00 und 20.00 Uhr herrschte eine gute Durchmischung der bodennahen Luft und es bestanden keine Unterschiede zwischen Stadt und Umland. Bei den Taupunkttemperaturen war im Osten von Biel ein stärkeres Absinken feststellbar als im Westen der Stadt. Die erhöhte Wärmeabgabe der Stadt führte zu einer verstärkten Schneeschmelze, was trotz der Turbulenz einen höheren Wasserdampfgehalt in der Stadt bewirkte. Am ausgeprägtesten ist dieser Effekt in Figur 43 zu sehen, wo sich das Stadtzentrum als eigentliche Feuchteinsel abzeichnet, die allerdings am folgenden Morgen endgültig ausgeräumt wurde.

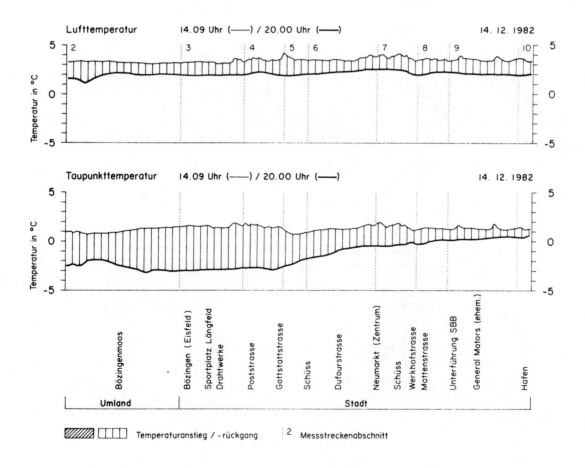

Figur 42: Messfahrten vom 14.12.1982. 14.09 und 20.00 Uhr.

In derselben Darstellung kommt der Temperaturunterschied zwischen dem Westteil der Stadt und dem Raum Bözingenmoos deutlich zum Ausdruck. Höhere Temperaturen waren nicht nur im Stadtzentrum zu verzeichnen, sondern auch am See. Die Temperaturerhöhung ist deshalb kaum als Wärmeinseleffekt der Stadt zu deuten. Sie lässt sich vielmehr dadurch erklären, dass im Bözingenmoos mit seiner geschlossenen Schneedecke mehr Schmelzwärme verbraucht wurde als in der Stadt, wo ein Grossteil des Schnees bereits geschmolzen war. Dieses "Wärmekliff" zwischen Bözingen und der Stadt ist in Figur 45 in seiner horizontalen Ausdehnung dargestellt. Die vertikale Erstreckung ist näherungsweise aus den MOBILAB-Sondierungen ersichtlich. Die Kaltluftzunge war maximal 80 Meter hoch und damit mächtig genug, um als schwache Nordostströmung in die Stadt einzudringen. Durch das weitere Auffrischen des Südwestwindes wurde die Kaltluft von oben her immer stärker durchmischt und schliesslich vollends abgebaut. Figur 44 zeigt, wie um 04.30 Uhr nur noch ein schwaches Temperaturgefälle von 1K zwischen See und Bözingen existierte und wie der Feuchtegehalt der Luft über das ganze Profil hinweg gleichmässig verteilt war.

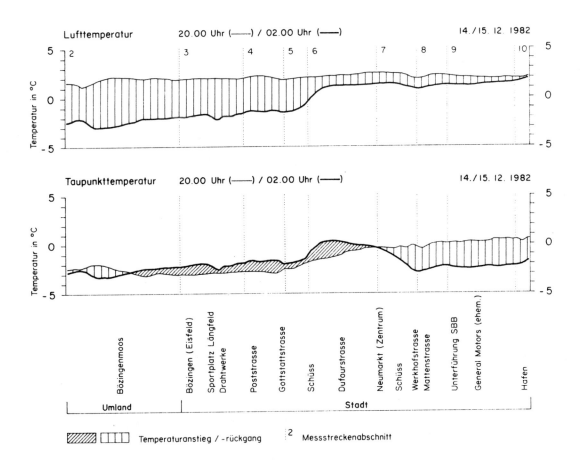

Figur 43: Messfahrten vom 14./15.12.1982, 20.00 und 02.00 Uhr.

Wie bereits in früheren Kapiteln erwähnt, zeigen die Winddaten von BOEZINGENMOOS häufig in der zweiten Nachthälfte eine schwache Nordostströmung, die an keiner anderen Station verzeichnet wird, also sehr lokal sein muss. Anhand des vorliegenden Beispiels wird deutlich, dass sich allein durch die starke Abkühlung der bodennahen Luft eine Kaltluftmasse bilden konnte, die surgeartig in die östlichen Stadtgebiete einfloss und vertikal höchstens 100 Meter Ausdehnung erreichte. Das Beispiel zeigt auch, dass sich diese bodennahe Strömung trotz grosser Windgeschwindigkeiten über der Kaltluftschicht aufbauen und durchsetzen kann.

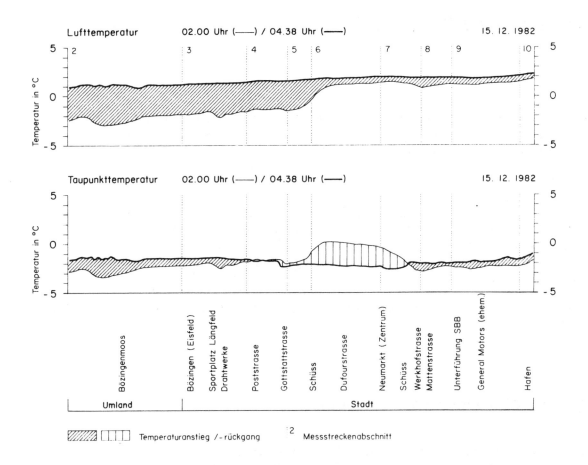

Figur 44: Messfahrten vom 15.12.1982, 02.00 und 04.38 Uhr.

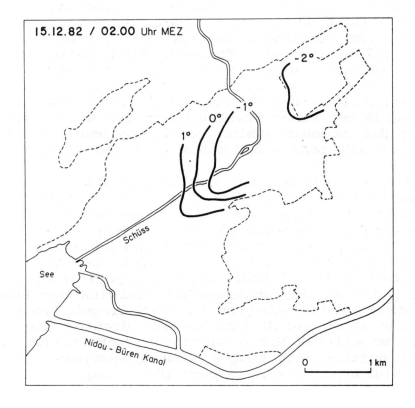

Figur 45: Horizontales Temperaturfeld (15.12.1982, 02.00 Uhr).

7.3 Messkampagne vom 13./14. Juni 1983

7.3.1 Wetterlage

Nach kurzem Zwischenhocheinfluss erreichte am frühen Morgen des 13. Juni eine Kaltfront den Jura. Das nachfolgende Rückseitenwetter führte zu kräftigen Regenschauern und kurzen Aufhellungen. Die Messkampagne wurde um 17 Uhr MEZ gestartet, weil mit dem Aufbau eines neuen Zwischenhochs zu rechnen war.

Im Verlauf der Nacht zum 14. Juni drehten die Winde auf Nord. Im Gegensatz zu den übrigen Gebieten der Alpennordseite wies der Jurasüdfuss zu dieser Zeit relativ geringe Bewölkung auf. Am 14. Juni registrierte die Station Neuenburg 6.7 Stunden Sonnenschein, während Bern nur deren 3.7 erhielt. Am Abend des gleichen Tages wurde Biel von einer Böenlinie überquert, die erneut den Fesselballoneinsatz verhinderte. Die Messkampagne wurde um 17 Uhr MEZ beendet.

7.3.2 Sondierungen in Biel-Bözingen

Die vertikalen Temperaturprofile zeigten zwischen 05.30 und 07 Uhr den Abbau der nächtlichen Bodeninversion (vgl. Figur 46). Die bodennahen Luftmassen waren unterschiedlich stark geschichtet. Ein erster Abschnitt zwischen Bodenoberfläche und 500 m ü.M. zeigte die vertikale Erstreckung des lokalen Kaltluftkörpers im Raum Bözingenmoos - nördliches Seeland. Sie betrug nur 70 Meter bei einem mittleren Temperaturgradienten von $d\theta/100m$ = +3K. Darüber folgte die Kaltluftmasse des gesamten Mittellandquerschnitts zwischen Jurasüdfuss und höherem Mittelland. Die Obergrenze lag bei 750 m ü.M., und der durchschnittliche Temperaturgradient $d\theta/100m$ betrug nur noch +0.7K. Im Verlauf des Vormittags wurde bei einer Bewölkung von 1/8 und entsprechender Einstrahlung die Bodeninversion rasch abgebaut. Anschliessend herrschte bis mindestens 1'000 m ü.M. eine neutrale Schichtung.

Im Vergleich zum Stadtzentrum, das in den Morgenstunden Windstille verzeichnete, dominierte über Bözingen eine West- bis Nordwestströmung. Gleichzeitig wurden auf der Geländeterrasse von Beaumont (Spital Vogelsang) Südwestwinde registriert, die sich um den Faktor 0.5 - 0.7 von jenen von Bözingen unterschieden. Damit scheint sich zu bestätigen, dass der Nordosten Biels (Bözingen, Biel-Mett) stärker westwindexponiert ist als das Stadtzentrum, das sowohl im Schwachwindbereich der Bodeninversion als auch im Reliefschatten von Magglingen liegt. Gleichzeitig mit dem Abbau der Bodeninversion drehten die Winde auf Südwest, von wo sie bis Mitte Nachmittag wehten. Anschliessend erfolgte bei auffrischend böigem Wind erneut eine Drehung auf NNW. Die Sondierungen wurden in der Folge eingestellt.

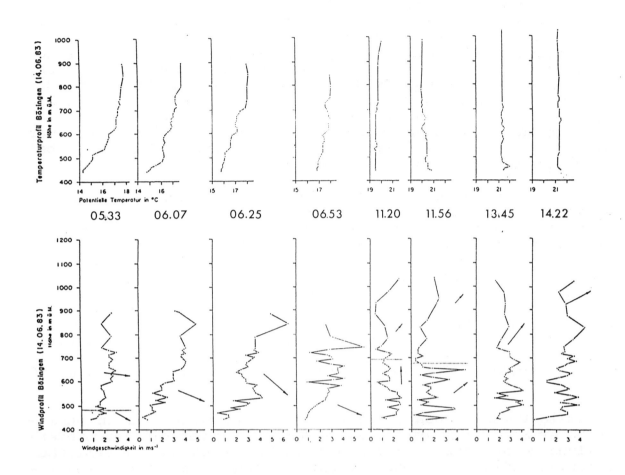

Figur 46: Wind- und Temperaturprofile in Bözingen (14.06.1983, 05.33-14.22 Uhr)

7.3.3 Horizontale Temperaturprofile durch die Stadt Biel

Gleich wie während der Messkampagne im Dezember 1982 (Kapitel 7.3.1) wurden auch im Juni Temperaturmessfahrten durchgeführt. Dazu wurde dasselbe Streckenprofil abgefahren wie im Winter. In den Figuren 47-52 sind die Ergebnisse dargestellt. Sie zeigen keine auffälligen nächtlichen Unterschiede zwischen Stadt und Umland. Der Grund lag in der ausreichenden Durchmischung der bodennahen Grenzschicht, die bis in die zweite Nachthälfte andauerte, bei einem durchschnittlichen Bewölkungsgrad von 4/8. Erst gegen Morgen nahm die Bewölkung ab. Als Folge davon war die Abkühlung der bodennahen Luft bedeutend kleiner, als bei wolkenfreier Situation (vgl. Messfahrten Juli 1983).

Hingegen veranschaulicht der Verlauf der Taupunkttemperatur verschiedene räumliche und zeitliche Unterschiede. Die Messfahrt von 20 Uhr (Figur 47) zeigt wegen erhöhter Evapotranspiration im Umland grössere Feuchteschwankungen als in der Stadt. In der nachfolgenden Messfahrt zeichnete sich im Südwesten der Stadt ein Feuchteeintrag vom See her ab, unterstützt durch den vorherrschenden Westwind. Dieser Eintrag erstreckte sich in den folgenden zwei Stunden über das ganze Stadtgebiet mit einer leichten Abnahme im Bözingenmoos. Am Morgen des 14. Juni erfolgte durch die einsetzende Thermik und Hangaufwinde eine Feuchtezehrung entlang des gesamten Messprofils. Nachfolgend schwankten die Taupunkttemperaturen zwischen 7 und 10 Grand.

Maximale Werte wurden lediglich im Bözingenmoos und in unmittelbarer Seenähe erreicht. Mitte Nachmittag war die Feuchteverteilung wegen der herrschenden mechanischen und thermischen Turbulenz über dem gesamten Untersuchungsraum sehr ausgeglichen. Die Taupunkttemperaturen schwankten zwischen 7 und 8 Grad.

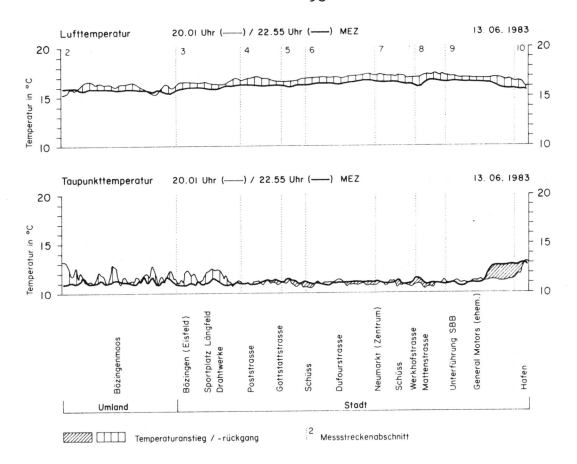

Figur 47: Messfahrten vom 13.06.1983, 20.01 und 22.55 Uhr.

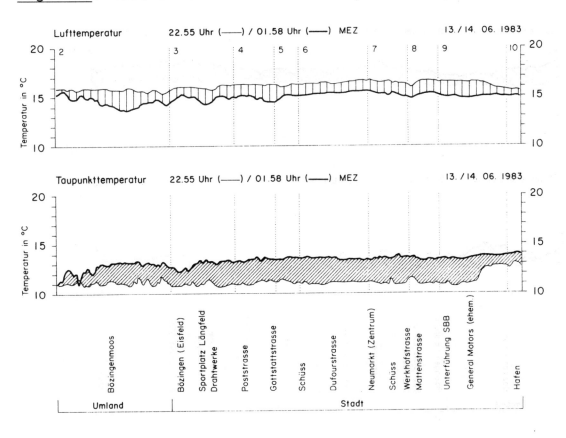

Figur 48: Messfahrten vom 13./14.06.1983, 22.55 und 01.58 Uhr.

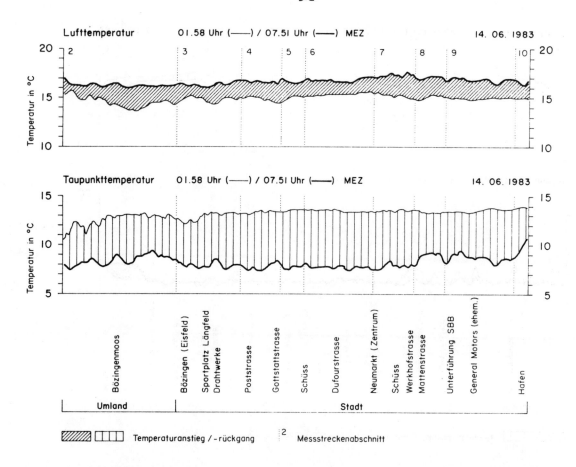

Figur 49: Messfahrten vom 14.06.1983, 01.58 und 07.51 Uhr.

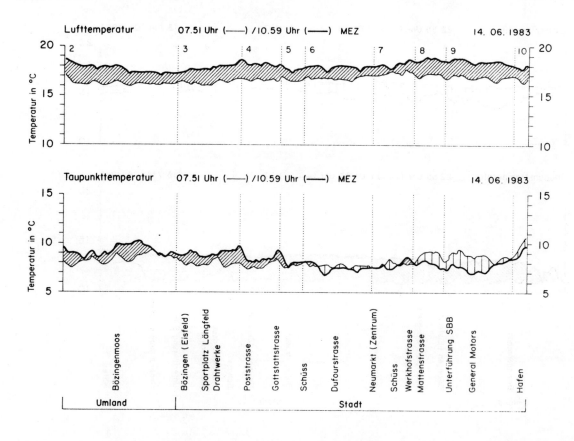

Figur 50: Messfahrten vom 14.06.1983, 07.51 und 10.59 Uhr.

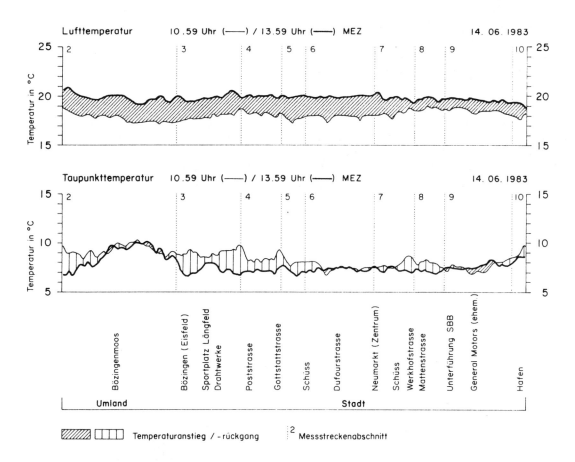

Figur 51: Messfahrten vom 14.06.1983, 10.59 und 13.59 Uhr.

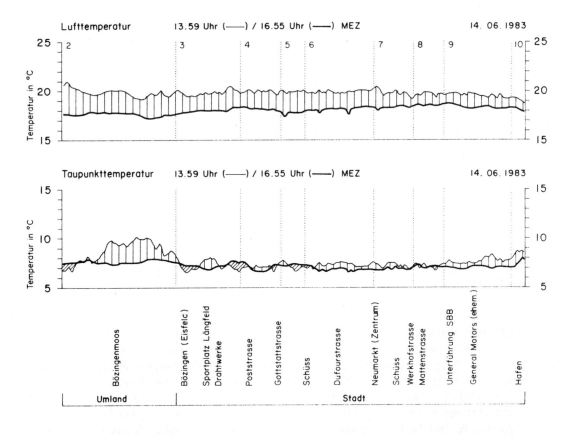

Figur 52: Messfahrten vom 14.06.1983, 13.59 und 16.55 Uhr.

7.4 Messfahrten vom 15./16. Juli 1983

7.4.1 Horizontale Temperaturprofile

Gegenüber den Messfahrten im Dezember 1982 und im Juni 1983 wurde die Messstrecke neu ausgelegt mit dem Ziel, eine bessere flächendeckende Erfassung des bodennahen horizontalen Temperaturfeldes zu erreichen. Die neue Streckenführung ist in Figur 53 dargestellt und wurde während allen Messfahrten im Juli 1983 verwendet.

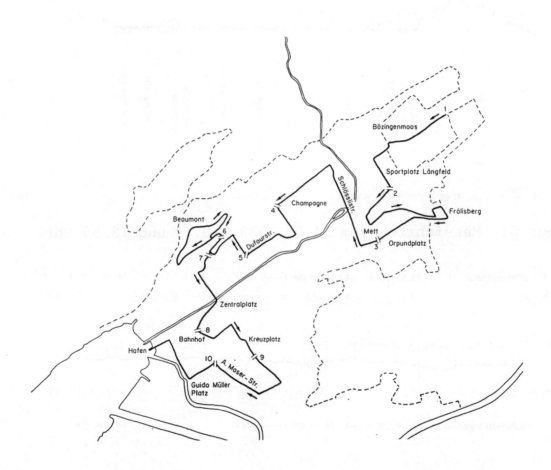

Figur 53: Temperaturmessfahrten im Juli 1983: West-Ost Profil durch die Stadt Biel.

Am 15. Juli herrschte bei wolkenfreiem Himmel eine Bise, die sich am 16. Juli noch verstärkte. Durch den hohen Sonnenstand wurden maximale Strahlungswerte erreicht. Die Tageshöchsttemperaturen lagen knapp unter 30°C. In Bodennähe bestand tagsüber eine superadiabatische Schichtung. Nachts wurde sie durch eine seichte Bodeninversion abgelöst, deren Temperaturgradient sich in den folgenden Nächten jeweils noch verstärkte. Dadurch waren optimale Verhältnisse gegeben, um die zeitliche Entwicklung der lokalen Temperaturänderungen zwischen Sonnenuntergang und -aufgang zu studieren.

In den Figuren 54-60 sind nebst flächendeckenden Darstellungen wiederum je zwei aufeinanderfolgende Messfahrten im Profil dargestellt. Die ersten beiden Profile von 17.30 und 19.30 Uhr verlaufen parallel zueinander, was bedeutet, dass die Abkühlungsgrösse in dieser Zeit im gesamten Untersuchungsgebiet gleich gross ist. Wegen abklingender Konvektion erfolgte am Abend vermehrt eine horizontale Verteilung der Feuchte, was im ausgeglichenen Profil der Taupunkttemperaturen von 19.30 Uhr zum Ausdruck kommt. Dieser Trend setzte sich auch bei der Messfahrt von 21.00 Uhr fort. Allerdings bestand ein leichtes Gefälle zur Stadt hin, das durch erhöhte Evapotranspiration im Umland zustande kam. Gleichzeitig verstärkten sich die Temperaturunterschiede zwischen der Stadt und dem Bözingenmoos und betrugen zuletzt 6 Grad.

In den Figuren 56 und 57 sind die lokalen Unterschiede flächenhaft dargestellt. Sie zeigen, wie die südöstlichen Stadtteile durch die länger andauernde Besonnung höhere Temperaturen aufwiesen als die hangnahen und wie im Verlauf des Abends das Bözingenmoos sehr rasch abkühlte, während sich über dem Stadtkern mit der dichtesten Bebauung eine bodennahe Wärmeinsel entwickelte. Es fällt auf, dass sich der Taubenlochwind im Raum Bözingen weder in den Abendstunden noch am Morgen des 16. Juni thermisch abzeichnete. Demgegenüber führte die winterliche Taubenlochströmung in Bözingen stets zu einer signifikanten Abkühlung (WANNER 1985: 79). Meist stellte sich im Verlauf des Vormittags eine Angleichung an die Temperaturen über den westlichen Stadtteil ein.

Das Temperaturprofil von 05 Uhr verläuft parallel zu jenem von 21 Uhr des Vorabends, das heisst, dass sich die mittlere Abkühlungsrate der Stadt innerhalb dieses Zeitraums nicht von jener des Umlandes unterschied. Das bedeutet aber auch, dass die entscheidenden Aenderungen, welche für das Entstehen einer bodennahen Wärmeinsel verantwortlich sind, innerhalb der ersten Nachthälfte ablaufen. Zum selben Schluss gelangte WANNER (1983: 106) in einer vergleichenden Studie über die Abkühlungsgrössen und Wärmeinselintensitäten verschiedener Schweizer Städte.

Im Gegensatz zu den Lufttemperaturen sanken die Taupunkttemperaturen in der Nacht nur um durchschnittlich 1.5K. Die Reduktion des Wasserdampfgehalts wurde durch Niederschlag in Form von Tau verursacht. Am Morgen führte die einsetzende Verdunstung erneut zu einem Anstieg der Taupunkttemperaturen. Sehr deutlich trat dieser Anstieg im Süden der Stadt in Erscheinung, der stark mit Gärten durchsetzt ist (08 Uhr - Messfahrt)

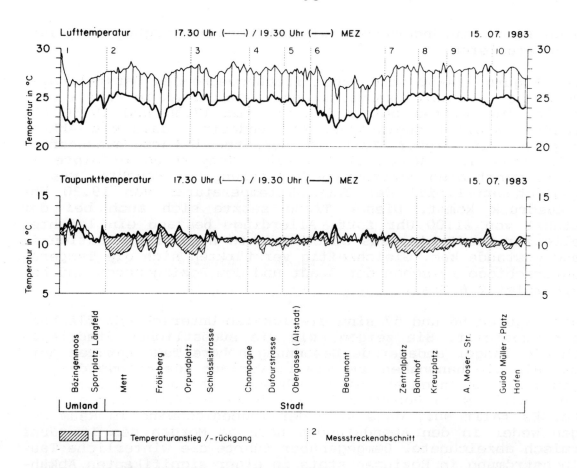

Figur 54: Messfahrten vom 15.07.1983, 17.30 und 19.30 Uhr.

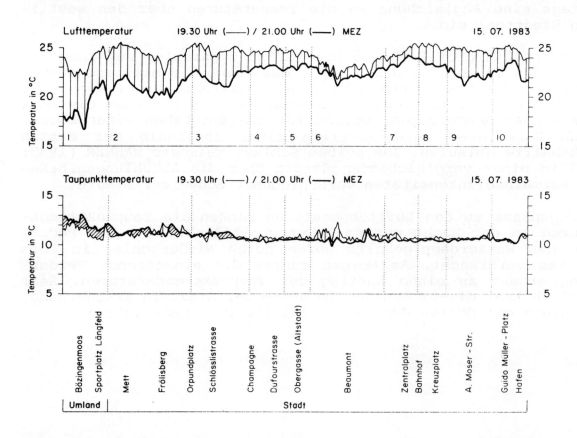

Figur 55: Messfahrten vom 15.07.1983, 19.30 und 21.00 Uhr.

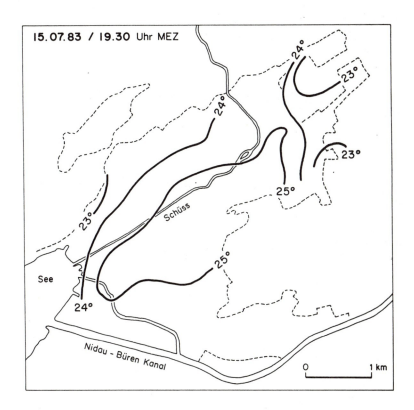

Figur 56: Horizontales Temperaturfeld (15.07.1983, 19.30 Uhr).

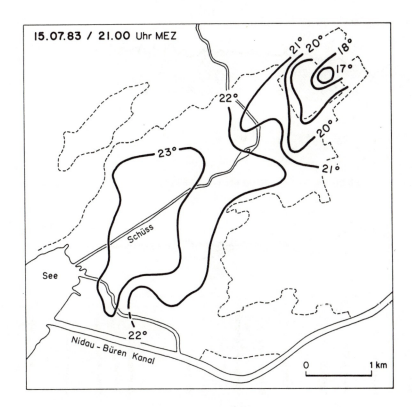

Figur 57: Horizontales Temperaturfeld (15.07.1983, 21.00 Uhr).

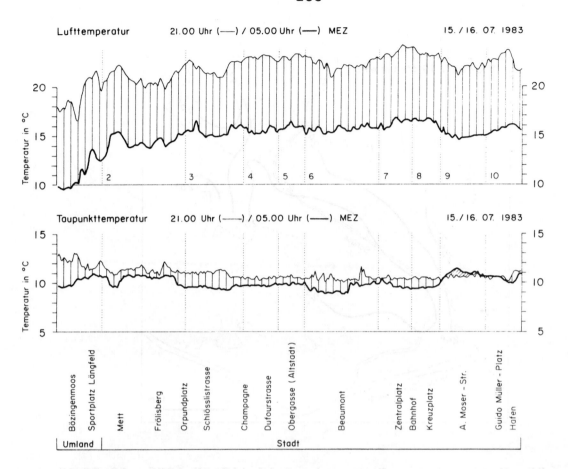

Figur 58: Messfahrten vom 15./16.07.1983, 21.00 und 05.00 Uhr.

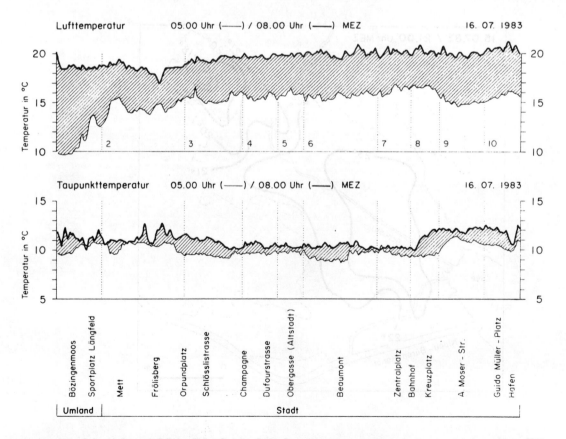

Figur 59: Messfahrten vom 16.07.1983, 05.00 und 08.00 Uhr.

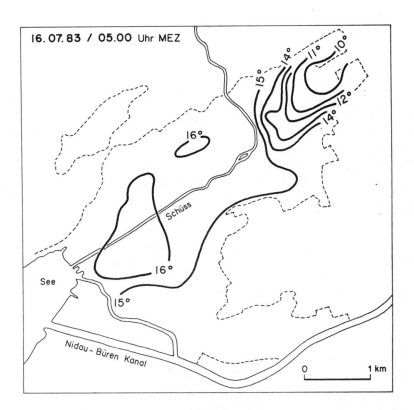

Figur 60: Horizontales Temperaturfeld (16.07.1983, 05.00 Uhr).

7.5 Messfahrten vom 27. Juli 1983

7.5.1 Horizontale Temperaturprofile

Die Figuren 61-66 zeigen den typischen Temperaturverlauf eines heissen Sommernachmittags und des anschliessenden Abends. Lokal können durch Wirkung von Schatten und Evapotranspiration Temperaturunterschiede von 1° - 1.5° auftreten, doch das Gesamtbild ist sehr einheitlich. Thermische und mechanische Turbulenz führen zu guter Durchmischung der Grenzschicht. Der kurzzeitige Einfluss von Gärten und Grünanteil kommt in den Taupunkttemperaturprofilen klar zum Ausdruck (vgl. Alexander Moser Strasse in den Messfahrten von 15.29 und 17.32 Uhr). Diese relativen Feuchtemaxima blieben auch am Abend noch erhalten, gleichzeitig war im Bözingenmoos eine erhebliche Zunahme der Feuchte zu beobachten. Der geringe Feuchtegehalt im Bözingenmoos während dem Nachmittag dürfte durch die Thermik und den von ihr verursachten Wegtransport von Feuchtigkeit und durch die aktiv reduzierte Evapotranspiration der Pflanzen zustande gekommen sein.

Im Zusammenhang mit der hohen Temperatur stellt sich auch die Frage nach der Wärmebelastung für den Menschen. Diese hängt vor allem von der körperlichen Beanspruchung und dem Feuchtegehalt der Luft ab. Als Schwülegrenze wird ein Dampfdruck von 18.8hPa angenommen, was einer Taupunkttemperatur von 16.5°C entspricht (BLUETHGEN 1980: 167). Die Messfahrtresultate zeigen, dass diese Grenze im Bözingenmoos und am Hafen nur kurzzeitig erreicht wurden, in Gebieten also, in denen durch die Evapostranspiration genügend Wasserdampf in die Atmosphäre gelangte. Am Nachmittag lag der Feuchtepegel knapp unter der Schwülegrenze. Es ist anzunehmen, dass bei entsprechender körperlicher Anstrengung das durchschnittliche Wohlbefinden beeinträchtigt wurde.

Am Abend kühlte sich die Luft über den Feldern des Bözingenmooses stark ab, und auch die Gartengebiete im Bereich der Alexander Moser Strasse zeigten eine deutliche Temperaturreduktion. Die Windgeschwindigkeiten sanken auf den Wert Null. Ueber dem dichtest bebauten Teil der Stadt entstand eine Wärmeinsel (vgl. Figur 66). Auch auf dieser Figur fehlt das Kaltluftdelta des Taubenlochwinds im Bereich von Bözingen, so wie es sich normalerweise im Winter einstellt. Um 20.30 Uhr wehte der Taubenlochwind mit einer Geschwindigkeit von 3 - 6 m/s. Im Stadtgebiet und am Hafen herrschte zu diesem Zeitpunkt Windstille. Gleichzeitig erreichte der thermische Unterschied zwischen Stadt und Umland mit 7K sein Maximum. Es wäre jedoch falsch, sich aufgrund dieser Temperaturdifferenz eine Wärmeinsel mit grosser vertikaler Mächtigkeit vorzustellen. Wie einfache Abschätzungen zeigen (GASSMANN 1983), sind maximal Werte von 30-40 m möglich. In Biel wehten zu dieser Zeit Hangabwinde mit Geschwindigkeiten zwischen 3 und 5 m/s, so dass eine Wärmeinsel spätestens auf Dachhöhe gekappt wurde. Bleibt der Schluss, dass die Temperaturdifferenzen zwar vorhanden sind, sich aber nur auf die bodennächsten Luftschichten beziehen. Hiezu kommt, dass der Einfluss der Feuchtigkeit unberücksichtigt blieb. Dichteunterschiede aufgrund der sensiblen Wärme können durch höhere Feuchtegehalte wieder ausgeglichen werden.

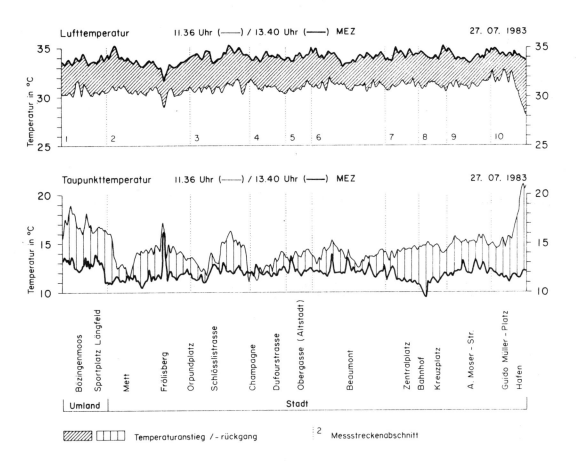

Figur 61: Messfahrten vom 27.07.1983, 11.36 und 13.40 Uhr.

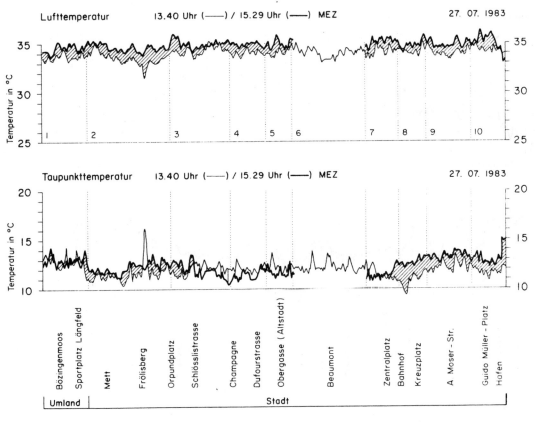

Figur 62: Messfahrten vom 27.07.1983, 13.40 und 15.29 Uhr.

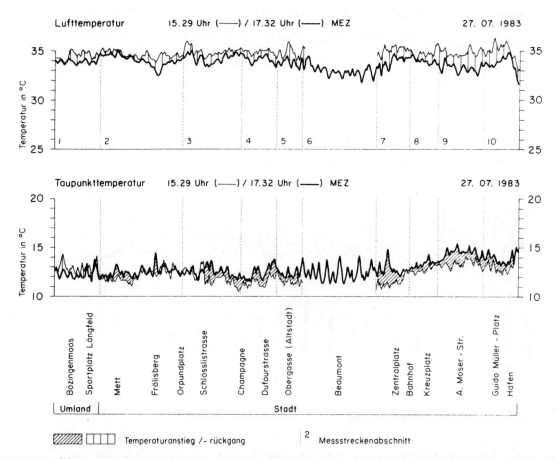

Figur 63: Messfahrten vom 27.07.1983, 15.29 und 17.32 Uhr.

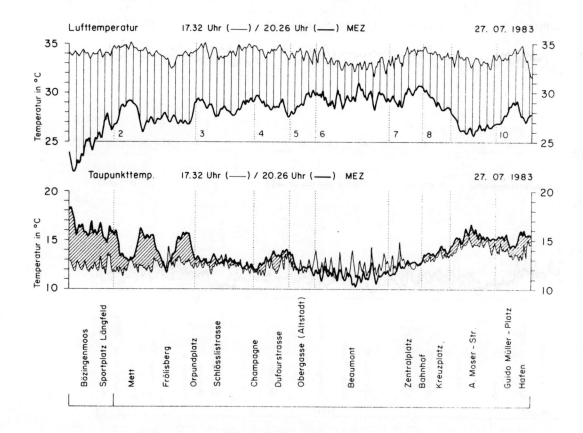

Figur 64: Messfahrten vom 27.07.1983, 17.32 und 20.26 Uhr.

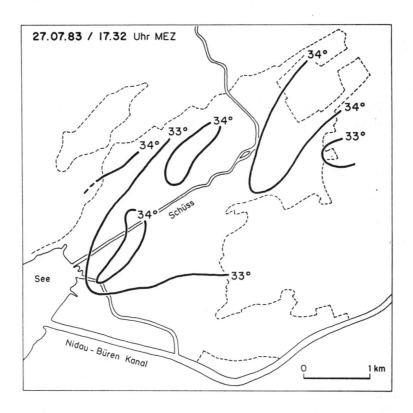

Figur 65: Horizontales Temperaturfeld (27.07.1983, 17.32 Uhr).

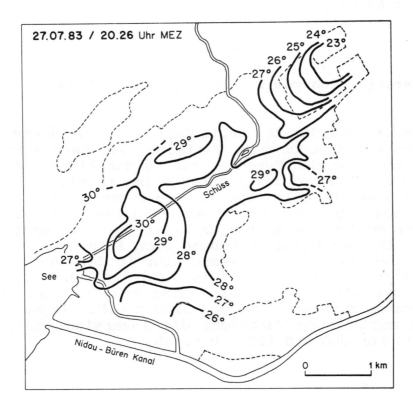

Figur 66: Horizontales Temperaturfeld (27.07.1983, 20.26 Uhr).

7.6 Feldexperiment Taubenlochwind vom 23.-26. September 1985

7.6.1 Konzept

Resultate aus den Versuchen auf dem physikalischen Modell im Massstab 1/25'000 an der ETH Lausanne deuteten darauf hin, dass am Taubenlochausgang nicht das gesamte Kaltluftvolumen des St.Immertals zum Abfluss gelangt. Ein Teil des Luftvolumens zweigte bereits bei Sonceboz ins Birstal ab, ein zweiter Teil überströmte auf dem Modell den Geländerücken von Plagne und mündete erst bei Pieterlen ins Mittelland. Dieser Strömungsast, der wahrscheinlich erst in der zweiten Nachthälfte wirksam wird, könnte auch durch das Modellrelief induziert worden sein. Im Rahmen eines Feldstudienlagers in Biel wurde in der Nacht vom 23. auf den 24. September 1985 eine Messkampagne mit dem Ziel durchgeführt, Felddaten und -beobachtungen zu erheben, um die Modellresultate zu verifizieren. Dazu wurden auf der Anhöhe von Plagne und auf der Pierre Pertuis an fixen Messstellen halbstündlich Temperatur und Feuchte in 2m über Grund gemessen. Die Resultate sind auf den Figuren 68 und 69 dargestellt und werden anschliessend besprochen. Gleichzeitig zu diesen Messungen wurden entlang der Talachse zwischen Sonceboz und Bözingen an mehreren Stellen Fesselballonaufstiege durchgeführt, um die Veränderung der thermischen Struktur im St.Immertal festzuhalten. In den darauffolgenden zwei Nächten wurde mittels weiterer Fesselballonsondierungen der Frage nachgegangen, wie das Delta des Taubenlochwinds aussieht und wie er sich über der Bodeninversion des Seelands einschichtet. Die gewählten Messstandorte sind in Figur 67 eingezeichnet.

7.6.2 Wettersituation vom 23.-26. September 1985

Zwischen dem 23. und dem 26. September 1985 erstreckte sich ein Ausläufer des Azorenhochs nach Mitteleuropa. Sein Kern reichte am 23. September von den Pyrenäen bis zu den Alpen. In den folgenden Tagen verringerte das Zentrum seine räumliche Ausdehnung und wanderte über Mitteleuropa zum Golf von Tarent. Am Boden wurde die Druckverteilung sehr flach. Zwischen dem 23. und dem 25. September verlagerte sich eine Kaltfront von Nordfrankreich nach Ungarn. Ihr Durchgang zeichnete sich in der Schweiz lediglich durch einen Rückgang der Temperatur in der Höhe ab. Am 25. September setzte im Mittelland Bise ein. während der gesamten Messperiode bestand im Mittelland eine kräftige Inversion mit einer Obergrenze zwischen 1000 und 1200 m ü.M.. Tagsüber bauten Thermik und mechanische Turbulenz die Inversion lediglich bis in Höhen zwischen 800 und 900 m ü.M. ab.

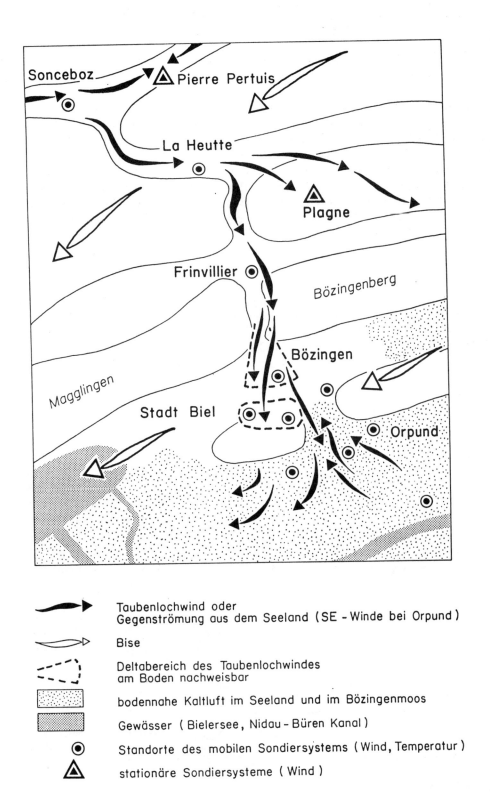

Figur 67: Sondierstandorte während dem Taubenlochwind-Feldexperiment vom 23./24.09.1985.

7.6.3 Messkampagne vom 23./24. September 1985

Zuerst sollen die Resultate der Messstellen Plagne und Pierre Pertuis besprochen werden (vgl. Figuren 68 und 69).

Bei Plagne wehten die Winde in der ersten Nachthälfte aus nordwestlicher Richtung und wiesen oberhalb von 20m über Grund Geschwindigkeiten von mehr als 4 m/s auf. Die Strömung flaute gegen Mitternacht ab, und um 02.30 Uhr war eine Winddrehung auf Nord zu verzeichnen. Die Nordwinde dauerten die ganze zweite Nachthälfte über an, flauten aber gegen Morgen zusehends ab. Einzig in Bodennähe schwankten die Geschwindigkeiten zwischen 2 und 4 m/s. Möglicherweise war dies ein Effekt der bodennahen Strömungskonvergenz beim Ueberfliessen der Krete.

Plagne reichte in den Bereich einer Windscherung hinein und deshalb ist nicht sofort ersichtlich, ob die Nordwestströmung als aus dem St.Immertal abfliessende Luft angesprochen werden soll oder ob es sich um die synoptische Strömung handelte. Die Mitternachtssondierung von Payerne zeigte unterhalb von 1000m ü.M. Nordwestwinde und oberhalb eine Ostströmung, die sich bis auf 2000m ü.M. erstreckte. Darüber wehten Nordwinde.

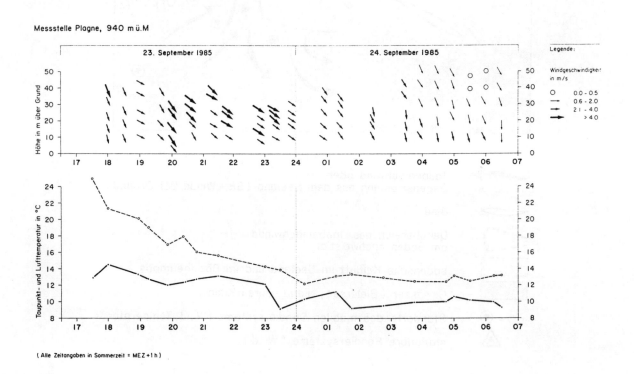

Figur 68: Wind- und Temperaturfeld an der Messstelle Plagne.

Wenn bei Plagne wirklich ein Ueberfliessen beobachtet wurde, dann wäre anzunehmen, dass die Strömung auf der Pierre Pertuis stärker ausgebildet war. Andererseits lassen sich bei Plagne die Geschwindigkeitsprofile von 05.30 und 06.00 nur schwerlich mit einer synoptischen Strömung allein erklären, da wegen der Bodenrauhigkeit die Geschwindigkeit mit der Höhe zunehmen müsste. Windstille oberhalb von 40 m über Grund ist dabei nicht zu erwarten. Interessant ist auch, dass bei Plagne die Lufttemperatur ab Mitternacht kaum sinkt. Die Messstelle weist durch ihren Standort auf der Geländekuppe einen maximalen Himmelssichtfaktor und damit eine maximale Ausstrahlung auf. Konstante Temperaturen in 2 m über Grund lassen sich deshalb nur durch gute Durchmischung von Luft aus der freien Atmosphäre erklären. Im vorliegenden Beispiel betrifft dies die Luft aus dem oberen Querschnitt des St.Immertals.

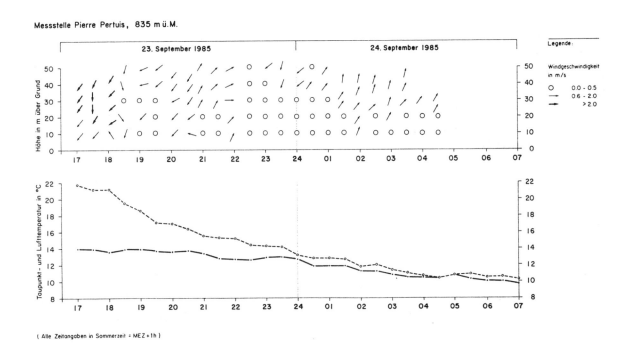

Figur 69: Wind- und Temperaturfeld an der Messstelle Pierre Pertuis.

Somit kann ein Ueberströmen des Geländerückens von Plagne nicht von der Hand gewiesen werden, wäre aber durch ergänzende Messungen noch zu belegen. Im Gegensatz zu Plagne scheint beim Standort Pierre Pertuis ein Abfliessen von Luft aus dem St.Immertal nachgewiesen worden zu sein. Am Abend des 23. Septembers wehten bis gegen 20.30 Uhr Nordostwinde über den Pass mit abnehmender Stärke. Diese Strömung dürfte sich am späteren Nachmittag aus dem Talwind im Vallée de Tavannes und einem umgelenkten Nordwestwind zusammengesetzt haben. Der westliche Ausläufer des Montoz wirkte dabei richtungsweisend. Um 21 Uhr drehte die Strömung oberhalb von 20 m über Grund auf Südwest. Da die Passhöhe in einer Waldlichtung liegt, kamen die Calmen in Bodennähe durch den Windschatten des Waldes zustande. Ueber der Waldlichtung herrschte während der ganzen zweiten Nachthälfte eine Süd- bis Südwestströmung.

Am Morgen des 24. Septembers lag zwischen St. Immier und Sonceboz eine Nebeldecke über dem Tal mit einer Obergrenze auf 800 m ü.M. Das Geländeengnis unterhalb von Sonceboz wurde wasserfallartig überströmt und der Nebel vermochte sich dabei aufzulösen. Das Becken von La Heutte blieb nebelfrei. Sondierungen und Nebelobergrenze zeigten, dass sich im oberen Becken des St.Immertals eine Bodeninversion aufbaute, die den Bergwind anhob. Dadurch wurde die ursprüngliche Höhendifferenz zwischen dem Talgrund und der Pierre Pertuis verringert und dem Bergwind das "Ueberschwappen" ins Vallée de Tavannes erleichtert. Im Gegensatz zu Plagne sanken auf der Pierre Pertuis die Temperaturen in 2 m über Grund infolge verminderter Windgeschwindigkeit kontinuierlich.

7.6.4 Temperatursondierungen auf dem Profil Sonceboz-Bözingen während der Nacht vom 23. auf den 24. September 1985

In der Nacht vom 23. auf den 24. September wurden auf einem Längsprofil entlang der Schüss zwei Messfahrten durchgeführt. Die eine fand in der ersten, die andere in der zweiten Nachthälfte statt. Ziel dieser Messfahrten war es, die Entwicklung und den räumlichen Verlauf des Taubenlochwindes besser zu verstehen und die gewonnenen Daten mit den Messungen von Plagne und der Pierre Pertuis zu vergleichen.

Mit dem System MINISOND des Geographischen Instituts wurden nacheinander Fesselballonaufstiege durchgeführt bei Sonceboz, La Heutte, Frinvillier, Bözingen und im Seeland bei Zihlwil. Ein Vergleich der vor Mitternacht durchgeführten Sondierungen zeigt, dass sich an allen Standorten eine Bodeninversion aufbaute und die vertikale Temperaturverteilung sowohl in Sonceboz als auch am Taubenlochausgang ungefähr gleich blieb. Das bedeutet, dass der Bergwind über alle Talstufen hinweg bis auf den Boden hinunter reichte und dass das bodennahe Luftvolumen der Becken von La Heutte und Frinvillier durch die Taubenlochschlucht abfloss. Ab 21 Uhr setzte auch das Ueberfliessen der Pierre Pertuis ein. Im Verlauf der zweiten Nachthälfte stagnierte in den einzelnen Talbecken die bodennahe Luft. Zwischen 50 und 100 Meter über Grund herrschte Windstille. Oberhalb dieser Schicht wehte der Bergwind mit Geschwindigkeiten von mehr als 5 m/s. Am Taubenlochausgang wurden Temperaturen gemessen, die in den Becken von La Heutte und Frinvillier erst auf 150 - 200 Meter über Grund vorkamen. Das bedeutet, dass der Taubenlochwind zu dieser Zeit aus Luft gebildet wurde, die nicht mehr dem Talgrund folgte sondern aus dem mittleren Talquerschnitt stammte. Die kalte Bodenluft blieb vollends in den engen Schluchtpartien stecken und gelangte erst im Verlaufe des Morgens zum Abfluss. Dies kommt auch in der Auswertung der mittleren Windrichtungen zum Ausdruck. Der typische Tagesgang der Windgeschwindigkeiten am Taubenlochausgang ist Figur 71 zu entnehmen. Hohe Windgeschwindigkeiten in der Nacht wurden tagsüber durch drei- bis viermal kleinere abgelöst. Vom 23. auf den 26. September 1985 wechselte die Tageswindrichtung auf Bise. Bei ihr ist der Tagesgang der Windgeschwindigkeiten am deutlichsten ausgebildet. Geht man von den in Kapitel 5 beschriebenen Strömungs-Schichtungslagen aus, so sind der 23. und der 24. September Typbeispiele für die Lage 4.1. Der 26. September gehört zu Lage 4.2.

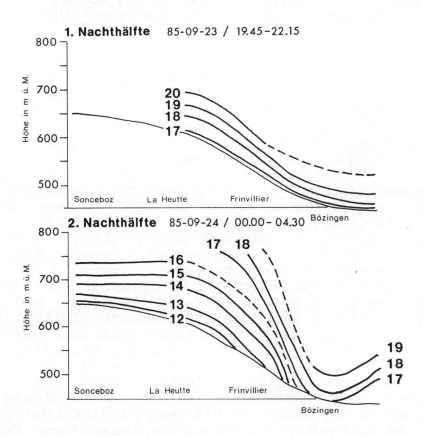

Figur 70: Isentropendarstellung der Temperaturverhältnisse im unteren St.Immertal (23./24.09.1985). Die potentiellen Temperaturen beziehen sich auf die Höhe von Biel (430 m ü.M.) und sind in °C angegeben.

Der Taubenlochwind erreichte sein Geschwindigkeitsmaximum um Mitternacht. Im Verlaufe der zweiten Nachthälfte flauten die Geschwindigkeiten wieder ab. Dafür sind drei Gründe verantwortlich:

1. Der Taubenlochwind trifft in Bözingen und Biel-Mett auf kältere, autochthone Luft des Mittellandes und verdrängt diese am Schluchtausgang, bevor er sich einschichtet. Die zu verrichtende Arbeit ist proportional zum herrschenden Temperaturgradienten.

2. Durch den Stau und die Stagnation von Kaltluft in der Schlucht und in den vorgelagerten Talbecken wird der Querschnitt des Ueberlaufs breiter. Gleichzeitig verringert sich aber die vertikale Mächtigkeit des katabatischen Windes.

3. Die Abkühlungsrate ist in der ersten Nachthälfte am grössten und nimmt in der zweiten ab. Dies führt zu einer abgeschwächten Bildung von Kaltluft.

Es ist anzunehmen, dass alle drei Effekte gemeinsam zu den abnehmenden Windgeschwindigkeiten führten. Zudem sei darauf hingewiesen, dass dies nur für Wetterlagen zutrifft, bei denen sowohl das Mittelland als auch die Juratäler wolkenfrei sind und vom Bedeckungsgrad her keine Unterschiede auftreten.

Figur 71 zeigt auch, dass beim Taubenlochwind in einer Nacht mehrere Geschwindigkeitsspitzen auftreten können. ATKINSON (1981: 247) weist auf ein Pulsieren von Kaltluftabflüssen hin. Wegen der adiabatischen Erwärmung verringert sich der Druckunterschied im Verlaufe der Nacht. Die fortschreitende Abkühlung überwiegt aber diesen Effekt, so dass es zu einem erneuten Anstieg der Windgeschwindigkeiten kommt. Es scheint, dass dies auch beim Taubenlochwind beobachtet werden kann.

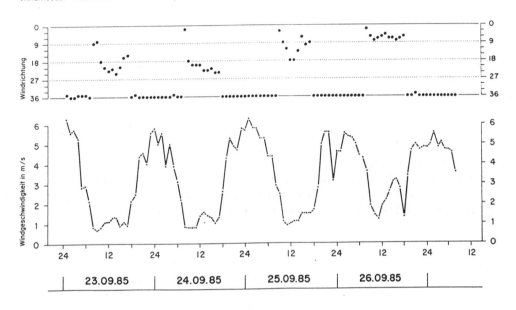

Figur 71: Tagesgang der Strömung am Taubenlochausgang während der herbstlichen Schönwetterperiode vom 23.-27.09.1985.

7.6.5 Resultate der Messkampagne vom 24.-26. September 1985

Während der beiden Nächte vom 24./25. und 25./26. September wurde spezielles Schwergewicht auf Sondierungen im Deltabereich des Taubenlochwindes gelegt. Figur 72 zeigt die einzelnen Messstandorte lagerichtig mit den dazugehörenden Windprofilen.

In der ersten Messnacht reichte die Inversion im Mittelland bis auf 1000 m ü.M.. Unmittelbar über dem Boden war die Luft erwartungsgemäss sehr stabil geschichtet, so dass die einsetzende Bise erst oberhalb von 40 m über Grund festzustellen war. Kurz nach Mitternacht erreichte der Taubenlochwind seine maximale Durchschnittsgeschwindigkeit von 6 m/s. Bis zu dieser Zeit wurden nur auf dem Chräjenberg Sondierungen durchgeführt. In den entsprechenden Profilen zeichneten sich sowohl Taubenlochwind als auch dessen Geschwindigkeitszunahme deutlich ab.

Während der zweiten Nachthälfte wurde an verschiedenen Standorten sondiert, um den Deltabereich möglichst genau abzugrenzen. Die Profile zeigen, dass die Strömung aus dem St.Immertal bis maximal an den Stadtrand bei Biel-Mett reichte und dann durch die Bise nach SSW umgelenkt wurde. Der Taubenlochwind folgte bei entsprechender Wetterlage also nicht dem alten Lauf der Schüss Richtung Orpund, sondern wurde über das Längholz Richtung Brüggmoos geführt.

Ein identisches Verhalten wurde auch in der zweiten Messnacht festgestellt. Im Engnis der Dietschimatt liess sich der Taubenlochwind nur in der ersten Nachthälfte für kurze Zeit feststellen. Anschliessend dominierte die Bise, und der Abfluss aus dem St. Immertal erfuhr eine Umlenkung nach SSW unter gleichzeitigem Anheben über die Bodeninversion (vgl. Fig. 71).

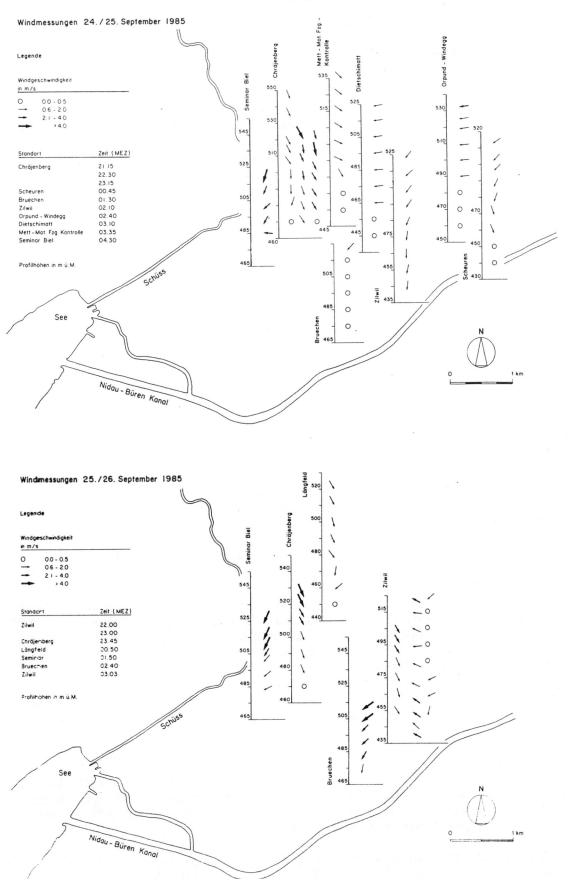

Figur 72: Die Strömungsverhältnisse im Delta des Taubenlochwinds (24.-26.09.1985).

8. SCHLUSSFOLGERUNGEN

Prozesse der charakteristischen Zeitdauer von 30 Minuten bis zu einem Tag und der horizontalen Ausdehnung von 200 Metern bis zu 20 Kilometern bestimmt im wesentlichen das Bieler Ausbreitungsklima. Gemäss Definition gehören sie demzufolge zur Micro-α und Meso-γ Scale (ATKINSON 1981: 19). Nach WANNER (in Vorbereitung) reagiert das Luftvolumen im Mittelland noch ähnlich, wie dasjenige in einem grossen Tal, das heisst, dass sich tagesperiodische Strömungen nachweisen lassen und die synoptischen Strömung der Talachse entlang geführt wird. Biel liegt als Jurasüdfussstadt im tiefstgelegenen Abschnitt des Berner Mittellandes und gleichzeitig an dessen Nordwestrand, der durch die erste Jurakette gebildet wird. Diese wird im Raum Bözingen durch die Taubenlochschlucht zerschnitten, welche dem Tal der Schüss der Zugang zum Mittelland öffnet. Die bodennahen Strömungsverhältnisse über Biel werden demzufolge durch sehr lokale Strömungen (Hangwinde, Kaltluftsurges), durch regionale Strömungen (Taubenlochwind) und durch die kanalisierte synoptische Strömung wechselweise oder in Kombination bestimmt. Massgeblich verantwortlich für die Kopplung oder Entkopplung der einzelnen Strömungen ist dabei die vertikale Temperaturschichtung über Stadt und Agglomeration.

Ziel dieser Arbeit war es, Regelmässigkeiten des bodennahen Strömungsfeldes zu erfassen, zu charakterisieren und sie mit der bodennahen Temperaturschichtung zu verknüpfen. Mit Hilfe der stündlichen Windaufzeichnungen bei VOGELSANG und TAUBENLOCH war es möglich, Strömunglagen zu definieren, die nebst dem Tagesgang der Temperaturschichtung auch jenen des Windfeldes wiedergeben.

Messkampagnen und Modellversuche vertieften den Einblick in die räumliche Erstreckung der aufgezeichneten Strömungen und vervollständigten das erhaltene Bild. Die Synthese der erhaltenen Resultate orientiert sich zunächst an der dominanten Windrichtung während des Tages. Es hat sich gezeigt, dass im 700 hPa Niveau bei nordwestlicher Anströmung der Alpen bis zu einer Windrichtung von 340 Grad im Mittelland Südwestwinde wehen (WANNER, mündliche Mitteilung). Nördliches bis östliches Anströmen der Alpen erzeugt Nordostwinde (Bise). Von einigen windschwachen Ausnahmen abgesehen dominieren diese beiden Hauptwindrichtungen das Tageswindfeld im Mittelland und in der Region Biel.

Am Abend und in der Nacht werden die Verhältnisse komplizierter. Entscheidend ist, ob der synoptischen Druckgradient lokale Unterschiede zu überprägen vermag oder nicht und ob dieses Ueberprägen während der ganzen Nacht andauert oder sich lediglich auf eine Nachthälfte beschränkt.

Tabelle 14 zeigt, dass ein synoptisches Forcing von 24 Stunden und mehr an den Standorten VOGELSANG und TAUBENLOCH gleichzeitig nur im Winterhalbjahr regelmässig beobachtet wird. Verantwortlich dafür sind Dezember- und Januarstürme, während denen sich Fronten in kurzer zeitlicher Folge jagen (Westlagen). Bisenlagen mit Hochnebel, welche die langwellige Ausstrahlung auch im St.Immertal reduzieren, sind für andauernde Nordostströmungen verantwortlich. Gleiches gilt auch dann, wenn nur die Strömungsmuster an einer Station betrachtet werden. Daraus folgt, dass mit Ausnahme des Winterhalbjahres das Tageswindfeld durch ein entsprechendes in der Nacht abgelöst wird und dass sich innert 24 Stunden mindestens einmal ein Wechsel der Windrichtung und meistens auch der Windgeschwindigkeit vollzieht.

Ueblicherweise sind diese Wechsel während 24 Stunden zweimal zu beobachten, nämlich am Morgen und am Abend. Während der Zeitpunkt des morgendlichen Windwechsels im Jahresverlauf zeitlich stark variiert, setzt das Nachtwindfeld mit grosser Regelmässigkeit zwischen 17 und 18 Uhr ein. FILLIGER und RICKLI (1986:6) konnten am Beispiel von Leissigen nachweisen, dass Hangwinde bereits bei einer positiven Strahlungsbilanz Q^* von weniger als 150 W/m^2 auftreten. Dies mag ein Grund sein, dass das Einsetzen der Hangabwinde im Raum Biel jahreszeitenunabhängig ist. Im Sommer führen Bergschatten und klarer Himmel bereits Ende Nachmittag zu einer reduzierten positiven Strahlungsbilanz ergeben, während im Winter der häufige Hochnebel die Strahlungsbilanz dämpft. Die Hangabwinde sind deshalb im Sommer stärker ausgebildet und treten regelmässiger auf als im Winter. Während einer Messkampagne zur Untersuchung der Ausbreitungsbedingungen für Ozon, wurde bei VOGELSANG am 1. Juli 1986 um 22 Uhr MEZ eine Hangwindmächtigkeit von rund 70 Metern festgestellt (SCHUEPBACH 1987: 220). Im Winter und während der zweiten Nachthälfte dürfte ihre Mächtigkeit geringer sein.

Im Sommer bewirken die Hangabwinde vor Mitternacht eine signifikante Durchmischung der bodennahen Luft. In der zweiten Nachthälfte hingegen stagniert die Luft der Mittellandebene und die Hangabwinde schichten sich einige Dekameter über der Stadt ein. Gleiches gilt für das Bözingenmoos. Nachdem der Bergwind zwischen 21 und 23 Uhr letztmals auffrischt, wird es gegen Mitternacht ruhig und die Bodeninversion hebt die Hangabwinde ab.

Einzig am Taubenlochausgang biegen sich die Pappeln während der ganzen Nacht. Unaufhaltsam strömt die Luft aus dem St.Immertal ins Mittelland aus und führt in Bözingen zu einer regelmässigen Frischluftzufuhr, wie sie beispielsweise auch für Gemeinden am Rand der Oberrheinischen Tiefenbene von Bedeutung ist (HAUF und WITTE 1985: 33). Wie Temperaturmessfahrten und die Sondierungen vom September 1985 gezeigt haben, unterliegt der Taubenlochwind thermisch einem deutlichen Jahresgang. Dies hängt aller Wahrscheinlichkeit nach mit der unterschiedlichen Nebelbedeckung beidseits der ersten Jurakette zusammen. Während im Sommer die Bewölkungsverhältnisse im St.Immertal und über dem Mittalland sehr ähnlich sind und nachts die langwellige Ausstrahlung am ausgeprägtesten ist, liegt das Seeland im Winter häufig unter ausgedehnten Boden- oder Hochnebeldecken. Einem deutlichen Tagesgang der Temperatur im St.Immertal steht ein ausgeglichener Temperaturverlauf im Seeland gegenüber. Die aus dem Taubenloch schiessende Luft ist bis um 4° kälter als die Umgebungsluft und führt im Raum Bözingen zu einem markanten nächtlichen Temperaturrückgang.

Im Sommer ist diese Temperaturdifferenz nicht zu finden. Vielmehr haben die Messungen von September 1985 gezeigt, dass in der 2. Nachthälfte Kaltluft aus dem Seeland surgeartig gegen den Stadtrand vordringt und die Luft aus dem mittleren Querschnitt des St.Immertals in die Höhe hebt. Die erwähnte Kaltluft beginnt sich in Bewegung zu setzen, sobald ihre vertikale Mächtigkeit 70 - 100 Meter überschreitet und stösst zungenförmig vom Bözingenmoss und über die Senken von Dietschimatt und Brüggmoos gegen den Stadtraum vor. Dieses Vordringen wird zur Zeit des Sonnenaufgangs durch die ersten schwachen Hangaufwinde noch begünstigt. Die Zeit, in der Biel unter einem Film von Luft aus dem Seeland liegt, ist auch die Zeit des Windwechsels vom Nacht- auf das Tageswindfeld. Innert Stundenfrist beginnt sich die Bodeninversion aufzulösen und langsam, zunächst nur schwach, dann immer bestimmter, setzt sich die Tagesströmung aus Südwest oder Nordost durch. Der Wechsel vom lokalen zum synoptischen Strömungsfeld ist damit vorllzogen.

Bei der Ausbreitung von Luftschadstoffen spielen die täglichen Windwechsel eine nicht zu unterschätzende Rolle, indem sie lokal und zeitlich begrenzt zu hohen Schadstoffkonzentrationen beitragen. Ein Beispiel hat FILLIGER (1986: 106) anhand der SO_2-Belastung durchgerechnet. Aehnliche Ergebnisse sind auch von der NO_2-Belastung zu erwarten, da die Hauptverkehrszeiten häufig mit der Zeit der Windwechsel korrespondieren. Die Untersuchungen in Biel zeigen, wie nötig detaillierte Kenntnisse über die lokalen Ausbreitungsbedingungen sind, um bei Ausbreitungsrechnungen falsche Resultate oder Schlüsse zu vermeiden.

LITERATURVERZEICHNIS

ATKINSON, B.W., 1981: Meso-scale Atmospheric Circulations. Academic Press, London, 495 S.

BERLINCOURT, P., 1988: Les émissions atmosphériques de l'agglomération de Bienne. Geographica Bernernsia G28, Bern, 180 S.

BLUETHGEN, J. und W. WEISCHET, 1980: Allgemeine Klimageographie. Berlin, 887 S.

FILLIGER, P., 1986: Die Ausbreitung von Luftschadstoffen - Modelle und ihre Anwendung in der Region Biel. Geographica Bernensia G14, 154 S.

FILLIGER, P. und B. RICKLI, 1986: N8, Umfahrung Leissigen, Abluftbauwerk: Gutachten zur Ausbreitungsklimatologie, Schlussbericht. Geographisches Institut der Universität Bern, 45 S.

FURGER, M., in Vorbereitung: Zum Zusammenhang zwischen synoptischem Wind und der Strömungs in Bodennähe. Diss. Univ. Bern

GASSMANN, F., 1983: Stadtklima und chemische Verschmutzung. Das Klima, seine Veränderungen und Störungen. Jb. der Schw. Naturforschenden Ges., Basel, 112-119.

GYGAX, H.A., 1985: Das regionale Windfeld über komplexer Topographie und sein Einfluss auf den Tagesgang der Temperatur und einer Auswahl von Spurengasen in der Planetaren Grenzschicht. Diss. ETH Nr. 7703, Zürich, 188 S.

HANNA, S.R., 1985: Air Quality Modeling over Short Distances. Handbook of Applied Meteorology, Wiley & Sons, New York, 712-743.

HAUF, T. und N. WITTE, 1985: Fallstudie eines nächtlichen Windsystems. Meteorol. Rdsch. 38, 33-42.

HERTIG, J.A., P. LISKA und R. RICKLI, 1984: Versuche auf dem Modell 1/25000 zur Durchlüftungssituation in der Region Biel. IENER Bericht Nr. 521.104, Lausanne, 37 S.

LILJEQUIST, G.H. und K. CEHAK, 1979: Allgemeine Meteorologie. Vieweg & Sohn, Braunschweig, 385 S.

OKE, T.R., 1978: Boundary Layer Climates. Methuen, London, 370 S.

OKE, T.R., 1979: Review of Urban Climatology. WMO Technical Note No. 169, Geneva, 100 S.

PAMPERIN, H. und G. STILKE, 1985: Nächtliche Grenzschicht und LLJ im Alpenvorland nahe dem Inntalausgang. Meteorol. Rdsch. 38, 145-156.

RICKLI, R. und H. WANNER, 1983: Feldexperimente im Raume Biel - Datenkatalog. Informationen und Beiträge zur Klimaforschung 19, Geographisches Institut der Universität Bern, 146 S.

SCHUEPBACH, E. und H. WANNER, 1987: Feldexperiment zum photochemischen Smog in der Region Biel (Juli 1986) - Datenkatalog. Informationen und Beiträge zur Klimaforschung, Geographisches Institut der Universität Bern, 500 S.

TA-Luft'86, 1986: VDI Verlag, Düsseldorf, 70-77.

ULBRICHT-EISSING, M. und G. STILKE, 1986: Zur Ausbildung besonderer Strukturen der nächtlichen Grenzschicht im Gebirgsvorland - eine vergleichende Studie. Meteorol. Rdsch. 39, 256-266.

VERGEINER, T. and E. DREISEITL, 1987: Valley Winds and Slope Winds - Observations and Elementary Thoughts. Meteorol. Atmos. Phys. 36, 264-286.

VOLZ, R., 1978: Phänologisch Karten von Frühling, Sommer und Herbst als Hilfsmittel für eine klimatische Gliederung des Kantons. Jb. der Geogr. Ges. von Bern, Bd.52/1975-76, 23-58.

WALLACE, J.M. and P.V. HOBBS, 1977: Atmospheric Science. Academic Press, New York, 467 S.

WANNER, H., P. BERLINCOURT und R. RICKLI, 1982: Klima und Lufthygiene der Region Biel - Gedanken und erste Resultate einer interdisziplinären Studie. Geogr. Helv. 37, 215-224.

WANNER, H., 1983: Stadtklima und Stadtklimastudien in der Schweiz. Das Klima, seine Veränderungen und Störungen, Jb. der Schw. Naturforschenden Ges., Basel, 96-111.

WANNER, H. und S. KUNZ, 1983: Klimatologie der Nebel- und Kaltluftkörper im Schweizerischen Mittelland mit Hilfe von Wettersatellitenbildern. Arch. Met. Geoph. Biocl., Ser. B. 33, 31-56.

WANNER, H., 1986: Die Grundstrukturen der städtischen Klimamodifikation und deren Bedeutung für die Raumplanung. Jahrb. der Geogr. Gesellschaft von Bern, Bd. 55/1983-1985, 67-84.

WANNER, H., in Vorbereitung: Klimatologie der Bise im Schweizerischen Mittelland, Bern

GEOGRAPHICA BERNENSIA

Arbeitsgemeinschaft GEOGRAPHICA BERNENSIA
Hallerstrasse 12
CH-3012 Bern

GEOGRAPHISCHES INSTITUT
der Universität Bern

			Sfr.
A		AFRICAN STUDIES	
A	1	WINIGER Matthias (Editor): Mount Kenya Area - Contributions to Ecology and Socio-economy. 1986 ISBN 3-906290-14-X	20.--
A	2	SPECK Heinrich: Mount Kenya Area. Ecological and Agricultural Significance of the Soils - with 2 maps. 1983 ISBN 3-906290-01-8	20.--
A	3	LEIBUNDGUT Christian: Hydrogeographical map of Mount Kenya Area. 1 : 50'000. Map and explanatory text. 1986 ISBN 3-906290-22-0	28.--
A	4	WEIGEL Gerolf: The soils of the Maybar/Wello area. Their potential and constraints for agricultural development. A case study in the Ethiopian Highlands. 1986 ISBN 3-906290-29-8	18.--
A	5	KOHLER Thomas: Land use in transition. Aspects and problems of small scale farming in a new environment: The example of Laikipia District, Kenya. 1987 ISBN 3-906290-23-9	28.--
A	6	FLURY Manuel: Rain-fed agriculture in the Central Division (Laikipia District, Kenya). Suitability, constraints and potential for providing food. 1987 ISBN 3-906290-38-7	20.--
A	7	BERGER Peter: Agroclimatology of Laikipia (Kenya).	1989
A	8	DESAULES André: The soils of Mount Kenya semi-arid NW footzone.	1989
B		BERICHTE UEBER EXKURSIONEN, STUDIENLAGER UND SEMINARVERANSTALTUNGEN	
B	1	AMREIN Rudolf: Niederlande - Naturräumliche Gliederung, Landwirtschaft Raumplanungskonzept. Amsterdam, Neulandgewinnung, Energie. Feldstudienlager 1976. 1979	5.--
B	6	GROSJEAN Georges (Herausgeber): Bad Ragaz 1983. Bericht über das Feldstudienlager des Geographischen Instituts der Universität Bern. 1984 ISBN 3-906290-18-2	10.--
B	7	Peloponnes. Feldstudienlager 1985. Leitung/Redaktion: Attinger R., Leibundgut Ch., Nägeli R. 1986 ISBN 3-906290-30-1	21.--
B	8	AERNI K., NAEGELI R., THORMANN G. (Hrsg.): Das Ruhrgebiet. Ein starkes Stück Deutschland. Probleme des Strukturwandels in einem "alten" Industrieraum. Bericht des Feldstudienlagers 1986. 1987 ISBN 3-906290-36-0	20.--
G		GRUNDLAGENFORSCHUNG	
G	1	WINIGER Matthias: Bewölkungsuntersuchung über der Sahara mit Wettersatellitenbilder. 1975	10.--
G	3	JEANNERET François: Klima der Schweiz: Bibliographie 1921 - 1973; mit einem Ergänzungsbericht von H. W. Courvoisier. 1975	10.--

			Sfr.
G	6	JEANNERET F., VAUTHIER Ph.: Kartierung der Klimaeignung für die Landwirtschaft der Schweiz. / Levé cartographique des aptitudes pour l'agriculture en Suisse. 1977. Textband	20.--
		Kartenband	36.--
G	7	WANNER Heinz: Zur Bildung, Verteilung und Vorhersage winterlicher Nebel im Querschnitt Jura - Alpen. 1978	10.--
G	8	Simen Mountains-Ethiopia, Vol. 1: Cartography and its application for geographical and ecological Problems. Ed. by Messerli B. and Aerni K. 1978	10.--
G	9	MESSERLI B., BAUMGARTNER R. (Hrsg.): Kamerun. Grundlagen zu Natur und Kulturraum. Probleme der Entwicklungszusammenarbeit. 1978	15.--
G	11	HASLER Martin: Der Einfluss des Atlasgebirges auf das Klima Nordwestafrikas. 1980. ISBN 3-26004857 X	15.--
G	12	MATHYS H. et al.: Klima und Lufthygiene im Raume Bern. 1980	10.--
G	13	HURNI H., STAEHLI P.: Hochgebirge von Semien-Aethiopien Vol. II. Klima und Dynamik der Höhenstufung von der letzten Kaltzeit bis zur Gegenwart. 1982	10.--
G	14	FILLIGER Paul: Die Ausbreitung von Luftschadstoffen - Modelle und ihre Anwendung in der Region Biel. 1986 ISBN 3-906290-25-5	20.--
G	15	VOLZ Richard: Das Geländeklima und seine Bedeutung für den landwirtschaftlichen Anbau. 1984 ISBN 3-906290-10-7	27.--
G	16	AERNI K., HERZIG H. E. (Hrsg.): Bibliographie IVS 1982. Inventar historischer Verkehrswege der Schweiz. (IVS). 1983	250.--
G	16	id. Einzelne Kantone (1 Ordner + Karte)	je 15.--
G	17	IVS Methodik	in Vorbereitung
G	18	AERNI K., HERZIG H. E. (Hrsg.): Historische und aktuelle Verkehrsgeographie der Schweiz. 1986 ISBN 3-906290-27-1	28.--
G	19	KUNZ Stefan: Anwendungsorientierte Kartierung der Besonnung im regionalen Massstab. 1983 ISBN 3-906290-03-4	10.--
G	20	FLURY Manuel: Krisen und Konflikte - Grundlagen, ein Beitrag zur entwicklungspolitischen Diskussion. 1983 ISBN 3-906290-05-0	5.--
G	21	WITMER Urs: Eine Methode zur flächendeckenden Kartierung von Schneehöhen unter Berücksichtigung von reliefbedingten Einflüssen. 1984 ISBN 3-906290-11-5	20.--
G	22	BAUMGARTNER Roland: Die visuelle Landschaft - Kartierung der Ressource Landschaft in den Colorado Rocky Mountains (U.S.A.). 1984 ISBN 3-906290-20-4	28.--
G	23	GRUNDER Martin: Ein Beitrag zur Beurteilung von Naturgefahren im Hinblick auf die Erstellung von mittelmassstäbigen Gefahrenhinweiskarten (Mit Beispielen aus dem Berner Oberland und der Landschaft Davos). 1984 ISBN 3-906290-21-2	36.--
G	25	WITMER Urs: Erfassung, Bearbeitung und Kartierung von Schneedaten in der Schweiz. 1986 ISBN 3-906290-28-X	21.--
G	26	BICHSEL Ulrich: Periphery and Flux: Changing Chandigarh Villages. 1986 ISBN 3-906290-32-8	18.--
G	27	JORDI Ulrich: Glazialmorphologische und gletschergeschichtliche Untersuchungen im Taminatal und im Rheintalabschnitt zwischen Flims und Feldkirch (Ostschweiz/Vorarlberg). 1987 ISBN 3-906290-34-4	28.--
G	28	BERLINCOURT Pierre: Les émissions atmosphériques de l'agglomération de Bienne: une approche géographique. 1988 ISBN 3-906290-40-9	24.--

Sfr.

G 29 ATTINGER Robert: Tracerhydrologische Untersuchungen im Alpstein. Methodik des kombinierten Tracereinsatzes für die hydrologische Grundlagenerarbeitung in einem Karstgebiet. 1988 ISBN 3-906290-43-3 21.--

G 30 WERNLI Hans Ruedi: Zur Anwendung von Tracermethoden in einem quartärbedeckten Molassegebiet. 1988 ISBN 3-906290-48-4 21.--

G 31 ZUMBUEHL Heinz J.: Katalog zum Sonderheft Alpengletscher in der kleinen Eiszeit. Mit einer C-14-Daten-Dokumentation von Hanspeter HOLZHAUSER. 1988
ISBN 3-906290-44-1
Ergänzungsband zum Sonderheft "Die Alpen", 3. Quartal, 1988
(siehe Weitere Publikationen) 5.--

G 32 RICKLI Ralph: Untersuchungen zum Ausbreitungsklima der Region Biel. 1988
ISBN 3-906290-49-2 20.--

P GEOGRAPHIE FUER DIE PRAXIS

P 2 UEHLINGER Heiner: Räumliche Aspekte der Schulplanung in ländlichen Siedlungsgebieten. Eine kulturgeographische Untersuchung in sechs Planungsregionen des Kantons Bern. 1975 10.--

P 3 ZAMANI ASTHIANI Farrokh: Province East Azarbayejan - IRAN, Studie zu einem raumplanerischen Leitbild aus geographischer Sicht. Geographical Study for an Environment Development Proposal. 1979 10.--

P 4 MAEDER Charles: Raumanalyse einer schweizerischen Grossregion. 1980 10.--

P 5 Klima und Planung 79. 1980 10.--

P 7 HESS Pierre: Les migrations pendulaires intra-urbaines à Berne. 1982 10.--

P 8 THELIN Gilbert: Freizeitverhalten im Erholungsraum. Freizeit in und ausserhalb der Stadt Bern - unter besonderer Berücksichtigung freiräumlichen Freizeitverhaltens am Wochenende. 1983
ISBN 3-906290-02-6 10.--

P 9 ZAUGG Kurt Daniel: Bogota-Kolumbien. Formale, funktionale und strukturelle Gliederung. Mit 50-seitigem Resumé in spanischer Sprache. 1984
ISBN 3-906290-04-2 10.--

P 12 KNEUBUEHL Urs: Die Entwicklungssteuerung in einem Tourismusort. Untersuchung am Beispiel von Davos für den Zeitraum 1930 - 1980. 1987
ISBN 3-906290-08-5 25.--

P 13 GROSJEAN Georges: Aesthetische Bewertung ländlicher Räume. Am Beispiel von Grindelwald im Vergleich mit anderen schweizerischen Räumen und in zeitlicher Veränderung. 1986 ISBN 3-906290-12-3 35.--

P 14 KNEUBUEHL Urs: Die Umweltqualität der Tourismusorte im Urteil der Schweizer Bevölkerung. 1987 ISBN 3-906290-35-2 12.50

P 15 RUPP Marco: Stadt Bern: Entwicklung und Planung in den 80er Jahren. Ein Beitrag zur Stadtgeographie und Stadtplanung. 1988
ISBN 3-906290-07-7 30.--

P 16 MESSERLI B. et al.: Umweltprobleme und Entwicklungszusammenarbeit. Entwicklungspolitik in weltweiter und langfristig ökologischer Sicht.
Red.: B. Messerli, T. Hofer. 1988 ISBN 3-906290-39-5 10.--

P 17 BAETZING Werner: Die unbewältigte Gegenwart als Zerfall einer traditionsträchtigen Alpenregion. Sozio-kulturelle und ökonomische Probleme der Valle Stura di Demonte (Piemont) und Perspektiven für die Zukunftsorientierung.
1988 ISBN 3-906290-42-5 30.--

S		GEOGRAPHIE FUER DIE SCHULE	Sfr.
S	4	AERNI Klaus et al.: Die Schweiz und die Welt im Wandel. Teil I: Arbeitshilfen und Lernplanung (Sek.-Stufe I + II). 1979	8.--
S	5	AERNI Klaus et al.: Die Schweiz und die Welt im Wandel. Teil II: Lehrerdokumentation. 1979	28.--

S 4 und S 5: Bestellung richten an:
Staatl. Lehrmittelverlag, Güterstr. 13, 3008 Bern

S	6	AERNI K. et al.: Geographische Praktika für die Mittelschule - Zielsetzung und Konzepte.	in Vorbereitung
S	7	BINZEGGER R., GRUETTER E.: Die Schweiz aus dem All. Einführungspraktikum in das Satellitenbild. 1981 (2. Aufl. 1982)	10.--
S	8	AERNI K., STAUB B.: Landschaftsökologie im Geographieunterricht. Heft 1. 1982	9.--
S	9	GRUETTER E., LEHMANN G., ZUEST R., INDERMUEHLE O., ZURBRIGGEN B., ALTMANN H., STAUB B.: Landschaftsökologie im Geographieunterricht. Heft 2: Vier geographische Praktikumsaufgaben für Mittelschulen. (9. - 13. Schuljahr) - Vier landschaftsökologische Uebungen. 1982	12.--
S	10	STUCKI Adrian: Vulkan Dritte Welt. 150 Millionen Indonesier blicken in die Zukunft. Unterrichtseinheit für die Sekundarstufe II. 1984 ISBN 3-906290-15-8	
		Spezialangebot: Lehrerheft mit 2 Sätzen Gruppenarbeiten u. 1 Schülerheft	30.--
		Schülerheft	1.60
		Klassensatz Gruppenarbeiten	12.--
S	11	AERNI K., THORMANN G.: Lehrerdokumentation Schülerkarte Kanton Bern. 1986 ISBN 3-906290-31-X	9.--
S	12	BUFF Eva: Das Berggebiet. Abwanderung, Tourismus - regionale Disparitäten. Unterrichtseinheit für die Sekundarstufe II. 1987 ISBN 3-906290-37-9	
		Lehrerheft	20.--
		Schülerheft	2.--
		Gruppenarbeiten	10.--
		65 Dias	70.--
		Tonband	7.--
S	13	POHL Bruno: Software- und Literaturverzeichnis. Computereinsatz im Geographieunterricht. 1988 ISBN 3-906290-41-7	18.--

U		SKRIPTEN FUER DEN UNIVERSITAETSUNTERRICHT	
U	8	GROSJEAN Georges: Geschichte der Kartographie. 1984 (2. Auflage) ISBN 3-906290-16-7	32.--
U	10	GROSJEAN Georges: Kartographie für Geographen II. Thematische Kartographie. 1981 (Nachdruck)	14.--
U	11	FREI Erwin: Agrarpedologie. Eine kurzgefasste Bodenkunde. Ihre Anwendung in der Landschaft, Oekologie u. Geographie. 1983 ISBN 3-906290-13-1	27.--
U	17	MESSERLI B., BISAZ A., LAUTERBURG A.: Entwicklungsstrategien im Wandel. Ausgewählte Probleme der Dritten Welt. Seminarbericht. 1985	10.--
U	18	LAUTERBURG A. (Hrsg.): Von Europa Lernen? - Beispiele von Entwicklungsmustern im alten Europa und in der Dritten Welt. 1987 ISBN 3-906290-33-6	22.50
U	19	AERNI K., GURTNER A., MEIER B.: Geographische Arbeitsweisen - Grundlagen zum propädeutischen Praktikum I. 1988 ISBN 3-906290-45-X	22.--
U	21	MAEDER Charles: Kartographie für Geographen I. Allgemeine Kartographie. 1988 ISBN 3-906290-47-6	16.--